100가지 사진으로 보는
자연의 신비

벤 호어 지음
다니엘 롱, 안젤라 리자 그림
김미선 옮김

책과함께 어린이

들어가며

지금까지 알고 있는 한, 지구는 생명이 살 수 있는 하나뿐인 행성이에요.
이 책에서는 이 세상을 이루고 있는 암석과 화석, 놀라운 자연뿐만 아니라
지구를 고향이라 할 수 있는 수백만 가지 생명체 중 일부를 알아볼 거예요.
반짝이는 보석과, 마침표보다 더 작은 미생물부터 하늘을 찌를 정도로 높다란
나무와 거대한 상어까지, 모두 저마다 신기하고 아름다워요. 이 책은 암석과 광물,
미생물, 식물, 동물과 같이 네 부로 나뉘어요. 이들 모두 지구에서 환상적으로
다채로운 삶을 보여 줍니다. 우리 지구는 놀라운 자연으로 가득해요. 그중에서는
우리가 아직 만나지 못했거나, 발견되지 않은 것도 많답니다.

저자 벤 호어

차례

암석과 광물 4
- 금.. 6
- 사막의 장미 8
- 공작석 10
- 형석 12
- 오팔 14
- 터키석 16
- 황철석 18
- 강옥 20
- 부석 22
- 산암 24
- 대리석 26
- 화석 28
- 호박 30

미생물 32
- 석회비늘편모류 34
- 켈프 36
- 규조 38
- 야광충 40
- 방산충 42
- 별모래 44
- 녹조류 46
- 아메바 48
- 독버섯 50
- 지의류 52
- 물곰 54
- 요각류 56

식물 58
- 우산이끼 60
- 부처손 62
- 양치식물 64
- 은행나무 66
- 세쿼이아 68
- 수련 70
- 목련 72
- 백합 74

- 난초 76
- 붓꽃 78
- 용혈수 80
- 야자나무 82
- 여인초 84
- 브로멜리아드 86
- 파피루스 88
- 대나무 90
- 양귀비 92
- 용왕꽃 94
- 바위솔 96
- 아카시아 98
- 장미 100
- 무화과 102
- 쐐기풀 104
- 맹그로브 106
- 시계꽃 108
- 시체꽃 110
- 유칼립투스 112
- 단풍나무 114
- 바오바브 116
- 끈끈이주걱 118
- 벌레잡이통풀 120
- 회전초 122
- 리톱스 124
- 선인장 126
- 나도수정초 128
- 해바라기 130
- 민들레 132
- 에린기움 134

동물 136
- 해면 138
- 산호 140
- 고깔해파리 142
- 편형충 144
- 지렁이 146

- 대왕조개 148
- 달팽이 150
- 앵무조개 152
- 타란툴라 154
- 노래기 156
- 바닷가재 158
- 호박벌 160
- 성게 162
- 고래상어 164
- 가시복 166
- 영원 168
- 개구리 170
- 테라핀 172
- 도마뱀 174
- 방울뱀 176
- 가비알악어 178
- 화식조 180
- 오리 182
- 비둘기 184
- 왜가리 186
- 독수리 188
- 딱따구리 190
- 베짜기새 192
- 바늘두더지 194
- 웜뱃 196
- 아르마딜로 198
- 매너티 200
- 침팬지 202
- 박쥐 204
- 재규어 206
- 큰곰 208
- 맥 210
- 사이가영양 212
- 용어 풀이 214
- 그림으로 보는 자연 216
- 사진 출처 224

원소

원소는 세상 모든 것을 만들어 주는 기본 물질이에요. 원소는 단단할 수도 있고 액체 상태일 수도 있으며, 기체로 머물러 있기도 해요. 그리고 고체와 액체, 기체 상태를 넘나들 수도 있답니다.

화석

화석은 죽은 동물과 식물의 흔적이 딱딱하게 굳어서 만들어진 것이에요. 발자국과 굴, 똥까지 모두 화석이 될 수 있어요.

암석과 광물

우리 지구는 수많은 원료로 이루어진 커다란 구체예요. 이 중 가장 기본이 되는 것들이 철과 산소와 같은 원소랍니다. 원소들이 섞여서 단단한 형태를 이루면 광물이 되어요. 그리고 두 가지 이상의 광물이 결합하면 암석이 되지요. 땅에서 암석과 광물을 캐서 무언가를 만들기도 해요. 자르거나 다듬으면 반짝이는 보석이 되기도 하고요. 이 장에서는 단단한 순서대로 기본 원소에서부터 광물까지, 암석과 화석을 통해 살펴볼 거예요.

암석

암석은 대개 광물로 이루어져 있어요. 암석이 어떻게 만들어졌는지에 따라 여러 종류로 나눌 수 있지요. 화산에서 흘러나오는 액체 상태의 뜨거운 암석이 식으면 화성암이 돼요. 여러 가지 암석이 한데 모이면 퇴적암이 되고, 뜨거운 열과 강한 압력을 받으면 변성암이 된답니다.

화성암　　퇴적암　　변성암

금

금, 2.5-3

지표면에서 얻는 금 대부분은 우주에서 날아와 지구에 충돌한 운석에서 왔어요.

강바닥에 반짝이는 부스러기가 보인다면, 그건 아마 금일 거예요. 금은 좀 특이한 암석이에요. 다른 암석 속에 들어 있지 않고 조각으로 찾을 수 있거든요. 금은 아주 작은 알갱이나 덩어리 형태로 만들어지는데, 종종 강물에 씻겨 내려오기도 한답니다.

모든 시대를 통틀어 사람들은 이 귀중한 조각을 차지하고 싶어 했어요. 남아메리카의 잉카인들은 금이 태양신 인티가 흘린 땀이라고 생각했어요. 1800년대 미국에서는 강바닥의 금을 찾으러 너도나도 캘리포니아로 향했는데, 그 수가 30여 만 명이나 되었어요. 하지만 이 '골드러시 gold rush' 열풍이 부는 시기에 정작 금을 발견해 부자가 된 사람은 그다지 많지 않았답니다.

석고의 한 종류인 셀레나이트는 커다란 결정체를 만들 수 있는데,
크기가 최대 12미터나 된답니다.

사막의 장미

장미에 마법을 부려 바위로 만든다면 이러한 모양이 될 거예요. 사실 이 모양은 마법과는 아무 상관이 없답니다. 소금기 많은 호수가 뜨거운 열을 받아 마르면 석고라는 광물 덩어리를 남겨요. 석고는 모래 알갱이와 섞이지요. 그리고 태양이 석고를 뜨겁게 달구면 구부러진 '꽃잎' 모양이 무리지어 생겨요. 이것이 바로 사막의 장미예요. 어떤 사막의 장미는 한데 모여 아름다운 꽃다발을 이루기도 한답니다.

석고는 매우 흔하면서도 유용한 물질이에요. 물을 섞으면 회반죽이 되는데, 건물을 지을 때 벽에 바르는 재료로 쓸 수 있어요. 의사들은 회반죽으로 본을 떠서 부러진 팔과 다리에 감는 석고 붕대로 이용해요.

사막의 장미, 2

5000년 전 고대 이집트인들은 공작석 덩어리를 빻아서
가루로 만든 뒤, 초록색 물감으로 썼다고 해요.

공작석

공작석 안에 어떤 금속이 있는지 맞혀 볼까요? 공작석의 색깔이 밝은 초록이라 의아할지도 모르지만, 갈색 구리로 가득 차 있답니다. 공작석은 층층이 자라는 경우가 많아서 줄무늬가 보여요. 그리고 종종 보석으로 쓰이기도 해요.

1800년대에 러시아에서는 커다란 공작석 덩어리가 발견되었어요. 어떤 공작석 조각은 코끼리 다섯 마리를 합친 무게와 맞먹었답니다! 공작석 일부는 상트페테르부르크에 있는 겨울 궁전의 '공작석 방'을 꾸미는 데 사용되었어요. 오늘날 공작석이 들어간 가장 유명한 물건은 바로 피파 월드컵 우승국에게 주는 트로피예요. 트로피 아래에 공작석으로 만든 띠가 둘러 있답니다.

형석

형석은 '반딧불이 돌'이라는 뜻이에요.
가열하면 내뿜는 빛이 반딧불이가
내는 것과 비슷하거든요.

언뜻 보면 대도시의 윤곽을 찍은 사진 같지만, 사실 이 블록 모양은 형석 정육면체예요. 형석은 다양한 색으로 이루어져 있어요. 같은 결정 안에서도 한 색깔이 유독 더 밝게 빛나기도 하고요. 그리고 형석에 특정 자외선을 비추면 밝은 파란색이 반짝이는 것처럼 보인답니다! 이렇게 반짝이는 현상을 형광이라고 해요.

자형석이라는 특별한 형석도 있어요. 자주색과 흰색, 노란색 띠가 아름답게 둘려 있는 형석이지요. 고대 로마인들은 자형석으로 컵과 장식품을 만들었답니다. 지금도 수집품으로 가치가 높아요.

형석, 4

오팔(단백석)

화성에도 오팔이 있어요!
이 붉은 행성의 표면을 찍은 사진에
오팔이 담겨 있었답니다.

화단백석

귀단백석

화이트오팔

오팔은 비가 만든 고체예요. 비가 암석으로 떨어지면, 광물이 녹아 물과 함께 틈 사이로 스며들 때가 있어요. 이 녹은 광물이 아주 천천히 오팔로 자라는 것이지요. 다만 자라기까지 자그마치 수천 년이나 걸린답니다. 액체 일부는 보석 안에 그대로 남아 있기도 해요. 오팔 속에는 물이 최대 10분의 1까지 들어 있어요.

오팔을 손에 올리고 이리저리 돌려 보면, 속에서 마치 불이 활활 타오르는 것 같아요. 다른 각도에서 보면 노란색과 주황색, 파란색, 녹색으로 빛나지요. 고대 그리스인들은 오팔이 신들의 신인 제우스의 눈물이라 여겼어요. 싸움에서 이기고 기쁨의 눈물을 흘렸는데, 그 눈물이 땅에 떨어지며 오팔이 되었다나요.

터키석, 5-6

터키석에는 녹이 핏줄처럼 퍼져 있어요.

터키석

녹청색일까요, 청록색일까요? 뭐라고 정확히 말할 수는 없어요. 터키석은 녹색과 파란색이 모두 뒤섞여 있으니까요. 터키석 속의 아름다운 파란색과 녹색은 구리와 철, 두 금속에서 왔어요. 철이 더 많으면 녹색을 띠고 구리가 더 많으면 파랗게 보인답니다.

터키석은 인간이 암석에서 캐낸 최초의 보석이에요. 서남아시아에서는 7000년 전에 터키석으로 만든 구슬이 발견되었어요. 멕시코의 아스테카인들은 터키석으로 목걸이와 가면 등 다양한 물건을 만들었답니다. 터키석은 불의 신인 슈테쿠틀리와도 밀접한 관련이 있었어요. 신의 이름도 '터키석의 주인'이라는 뜻이래요.

황철석, 6-6.5

황철석

이 광물은 '바보의 황금'이라 불리기도 해요. 실제 모양을 보면 왜 그렇게 불리는지 알 수 있을 거예요! 황철석은 금을 찾아 헤매는 사람들을 속였어요. 황철석을 찾은 사람들은 부자가 되기는커녕 실망만 할 뿐이었지요. 왜냐하면 황철석은 금보다 훨씬 흔한 데다 그다지 쓸모가 없기 때문이에요. 황철석의 표면은 매끈하고 반짝반짝 빛이 나요. 실제로 철과 노란색 원소인 황으로 이루어져 있답니다.

황철석은 정육면체 모양 결정으로 나올 때도 있어요. 면이 완벽할 정도로 매끈하게 다듬어져 있어 마치 기계로 만든 것 같지요. 어떤 황철석은 결정체가 일직선으로 돋아나 있어, 줄무늬 상자처럼 보이기도 해요.

옛날에는 황철석의 매끈한 조각으로 거울을 만들었어요.

루비, 9

강옥

루비

사파이어

별처럼 반짝반짝 빛나지만 돌처럼 단단한 것은? 정답은 보석! 보석은 값비싼 암석과 광물 조각인데, 깎고 다듬어서 반짝이게 만들어요. 가장 유명한 보석으로는 루비와 사파이어가 있어요. 둘 다 강옥으로 만들지만 그 안에 아주 조금 섞여 있는 다른 광물 때문에 각기 다른 빛깔을 내요. 루비는 언제나 붉은색을 띠고, 사파이어는 항상 파란색이에요. 그런데 노란색이나 녹색, 주황색도 보일 수 있답니다.

가장 크고 밝은 보석은 값도 무척이나 많이 나가요. 선라이즈 루비는 무게가 단 5그램밖에 되지 않지만 2015년에 우리 돈으로 약 400억 원에 팔렸답니다. 스튜어트 사파이어는 길이만 4센티미터에 달하는 초대형 보석인데 영국 왕족이 소유한 왕관에서 볼 수 있어요.

강옥은 엄청나게 단단해요. 강옥보다 더 단단한 광물은 다이아몬드밖에 없답니다.

고대 로마인들은 부석에 다른 재료를 섞어
매우 단단한 콘크리트를 만들었어요.
집과 사원을 만드는 자재로 썼지요.

부석

물 위에 저게 뭐지요? 잿빛 담요가 파도에 떠밀려 오는 것 같아요. 그런데 더 가까이 다가가 보니 수많은 암석이 둥둥 떠다니고 있군요! 부석은 구멍이 숭숭 뚫린 돌인데, 속은 기체로 가득 차 있어요. 덕분에 무게가 매우 가벼워 물 위에 뜰 수 있답니다.

그런데 저 돌은 모두 어디에서 왔을까요? 부석은 화석에서 나온 흑요석이에요. 용암이 화산에서 터져 나올 때, 마치 탄산이 쏟아지듯 기체를 잔뜩 머금은 방울로 가득 찰 때가 있어요. 바다 밑바닥에서 화산이 터지면 물속에서 부석이 만들어지고, 뗏목처럼 수면 위로 떠오르는 것이지요. 수수께끼 해결!

부석, 화성암

사암

사암층에는 동물의 유해가 고스란히 묻힐 때도 있어요. 덕분에 이곳은 화석을 찾기에 매우 좋은 장소가 된답니다.

사암, 퇴적암

사암이 무엇으로 이루어졌는지 알아내기는 매우 쉬워요. 안에 모래 알갱이가 또렷이 보이거든요. 오랜 시간에 걸쳐, 강물이 여러 가지 암석 알갱이를 머금고 호수와 바다로 흘러 내려가요. 그러면 모래가 커다란 샌드위치처럼 층층이 쌓이지요. 위층이 아래층을 꾹 누르면 그 안에 있던 광물이 서로 뒤섞이면서 모래성처럼 물에 젖어도 무너지지 않게 된답니다!

오스트레일리아 한가운데에는 사막 위에 울룰루라는 암석이 높게 우뚝 서있어요. 울룰루는 붉은 초대형 사암 덩어리랍니다. 축구 경기장 30개를 합친 것과 맞먹을 정도로 크지요. 그럼에도 땅 위에 솟아 있는 사암층은 땅속에 숨어 있는 거대한 사암층에 비하면 정말 새 발의 피에 지나지 않아요.

대리석

우리 발아래 땅속 깊숙한 곳, 지구는 지표면에 있는 암석의 무게에 짓눌려 어마어마한 열과 압력을 지속적으로 받아요. 압력과 열이 어찌나 큰지 어떤 암석은 다른 암석으로 변하기도 해요. 이렇게 해서 석회석이 대리석으로 바뀐답니다.

대리석은 그중에서도 가장 아름다운 암석이라 할 수 있어요. 검정색이며 회색, 녹색, 흰색 등 다양한 색깔을 머금고 있지요. 그런가 하면 다른 광물이 소용돌이 무늬로 나타나기도 해요. 대리석은 아주 매끈해질 때까지 다듬을 수 있고 조각하기도 쉬워요. 그래서 건물을 지을 때나 조각할 때 많이 쓰인답니다. 하지만 무게는 제법 나가요. 각 모서리의 길이가 1미터인 정육면체 모양 대리석은 코뿔소 한 마리보다도 무겁지요.

인도의 유명한 건축물 중 하나인 타지마할은 하얀색 대리석으로 덮여 있어요.

대리석, 변성암

암모나이트, 전 세계

과거에 사람들은 공룡 화석을
용과 괴물의 흔적이라고 착각했어요.

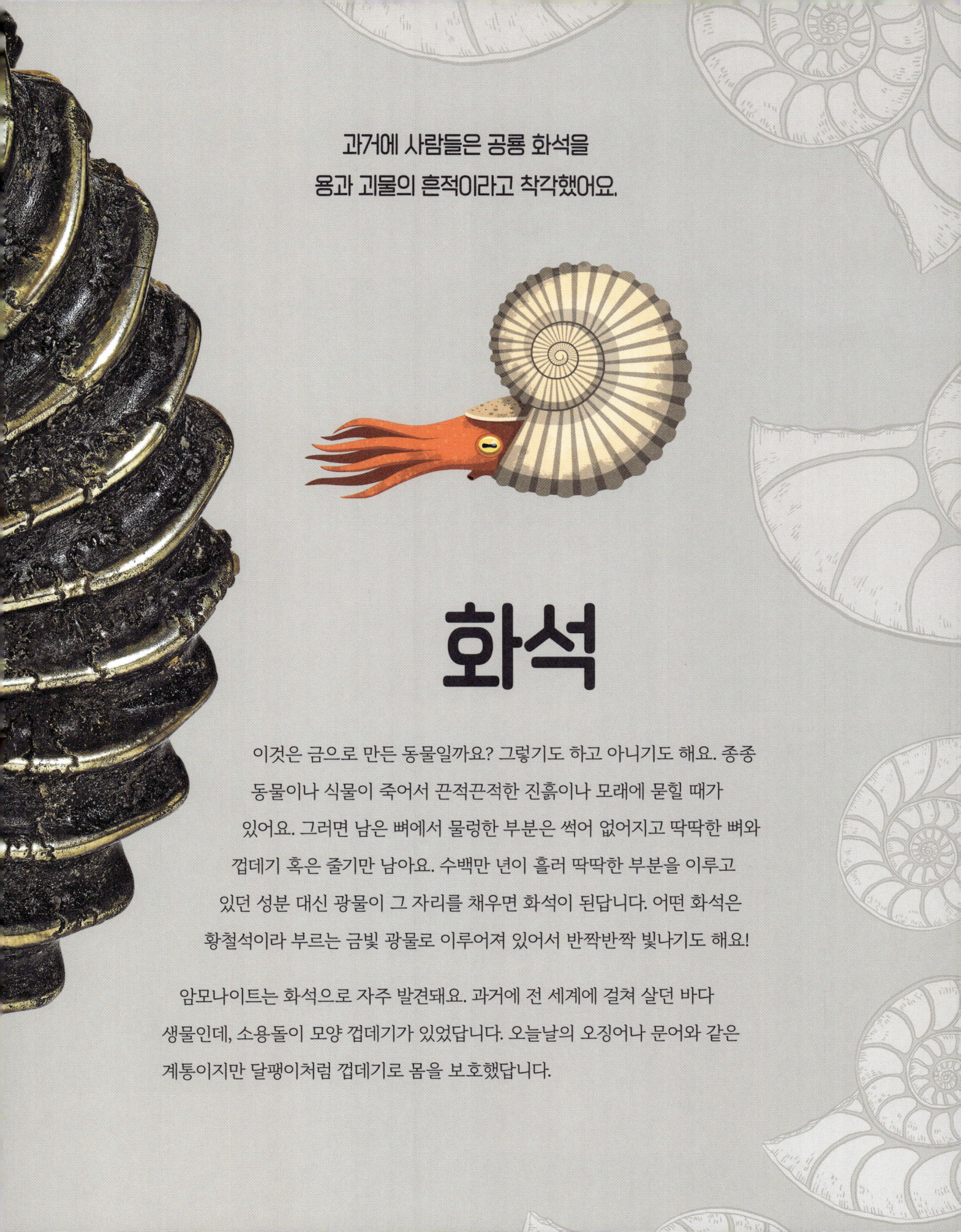

화석

이것은 금으로 만든 동물일까요? 그렇기도 하고 아니기도 해요. 종종 동물이나 식물이 죽어서 끈적끈적한 진흙이나 모래에 묻힐 때가 있어요. 그러면 남은 뼈에서 물렁한 부분은 썩어 없어지고 딱딱한 뼈와 껍데기 혹은 줄기만 남아요. 수백만 년이 흘러 딱딱한 부분을 이루고 있던 성분 대신 광물이 그 자리를 채우면 화석이 된답니다. 어떤 화석은 황철석이라 부르는 금빛 광물로 이루어져 있어서 반짝반짝 빛나기도 해요!

암모나이트는 화석으로 자주 발견돼요. 과거에 전 세계에 걸쳐 살던 바다 생물인데, 소용돌이 모양 껍데기가 있었답니다. 오늘날의 오징어나 문어와 같은 계통이지만 달팽이처럼 껍데기로 몸을 보호했답니다.

호박, 유기 광물

호박

꿀 같은 금빛에 유리처럼 반짝이는 저것은 뭘까요? 호박이에요! 고대 그리스인들은 호박이 고체로 된 햇빛의 방울이라 생각했어요. 사실 호박은 나무에서 왔어요. 소나무와 전나무는 나무껍질에 상처가 생길 때, 수지라는 끈적끈적하고 진한 액체를 흘려보내요. 수지는 껍질에 난 상처를 메운 뒤 단단하게 굳어요. 공룡 뼈가 화석이 되듯, 수지 역시 화석이 되어 호박으로 바뀌기도 한답니다.

호박은 아주 오랜 옛날을 돌아볼 수 있는 타임캡슐이 되어 주기도 해요. 거미나 벌레가 아직 끈적끈적한 금빛 수지 속으로 들어오면 다시 빠져 나갈 수 없어요. 수지가 호박이 되는 동안 벌레는 안에서 영원히 그 모습 그대로 갇히고 말지요. 그러면 우리는 수백만 년 전 생물의 모습을 볼 수 있게 되는 거랍니다.

어떤 호박은 드물게 주황색을 띠기도 하는데, 햇빛에 비추면 파란색으로 바뀌어요!

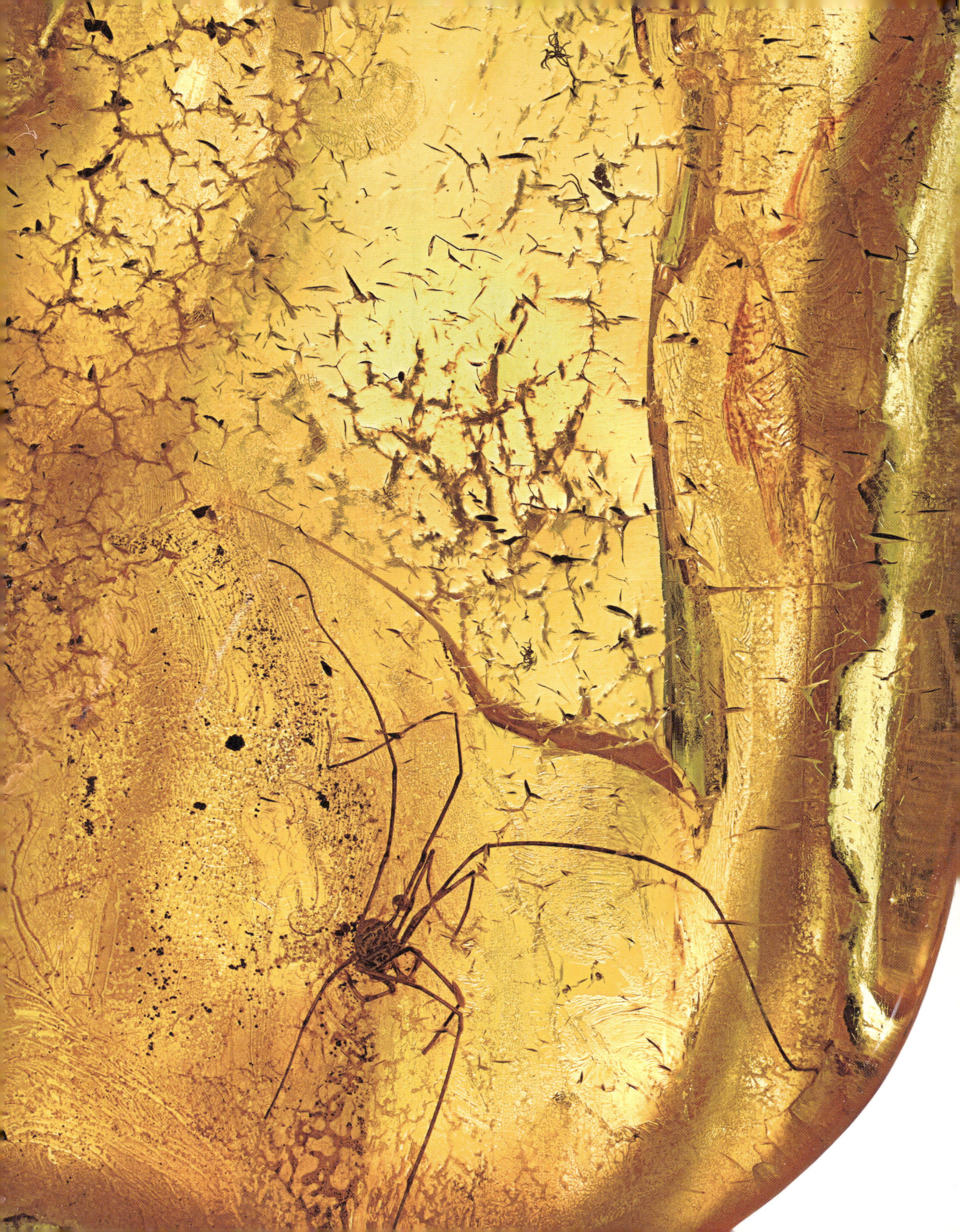

미생물

우리는 보이지 않을 정도로 아주 작은 생물이 많다는 사실을 쉽게 잊고는 해요. 어떤 단순한 생명체는 세포가 하나밖에 없을 정도로 자그마해요. 세포는 우리 몸의 구성 요소예요. 어른에게는 세포가 대략 60조 개나 있답니다! 가장 작은 유기물(생명체를 이루는 물질)은 현미경으로만 볼 수 있어요. 성능이 매우 좋은 현미경은 흑백 이미지로 나타나기 때문에, 선명하게 보이도록 색을 입히기도 해요. 미생물은 아주 작은 동물이나 식물이 될 수도 있고, 균류처럼 동식물 어디에도 속하지 않는 것도 있어요. 이번 장에서는 단순한 조류부터 작지만 복잡한 동물까지 살펴보기로 해요.

원생동물

이 작은 생명체는 세포핵이 들어 있는 단세포 생물이에요. 아메바와 같이 점액처럼 흐물거리는 작은 포식자가 원생동물에 속해요.

고세균

이 작은 생명체는 매우 단순하지만 강인해요. 세균이 그러하듯 고세균류도 단세포인데 세포핵이 없답니다.

동물
미생물은 우리 주위 어디에나 있어요. 다른 동물에도 있고, 흙속에 살거나 바다 위에 둥둥 떠다니기도 하지요. 바다에 사는 미생물은 다른 미생물과 함께 모여 거대한 플랑크톤 무리를 이루어요.

균류
균류는 썩거나 죽은 것에서 먹이를 얻어요. 버섯과 독버섯, 곰팡이가 균류에 속하지요. 균류는 머리카락처럼 가느다란 수많은 실 모양으로 이루어져 있어요.

식물과 녹조류
식물과 녹조류는 햇빛에서 받은 에너지로 먹이를 만들어요. 녹조류는 식물보다 작지만 지구의 모든 나무들보다도 산소를 더 많이 만든답니다.

갈조류
갈조류는 바다에 살며, 식물처럼 생긴 것이 많아요. 꼬리로 헤엄을 치는 와편모충과 규조류, 유공충, 방산충, 그리고 골격이 작고 아름다운 인편모조류가 갈조류에 속해요.

세균
세균은 고세균류와 더불어 세상에서 가장 작은 생명체예요. 최소 35억 년 전 지구에 나타났는데, 사람의 몸속을 비롯해 세상 거의 모든 곳에 살아요.

석회비늘편모류

분필은 석회비늘편모류의 화석으로 만들어요.

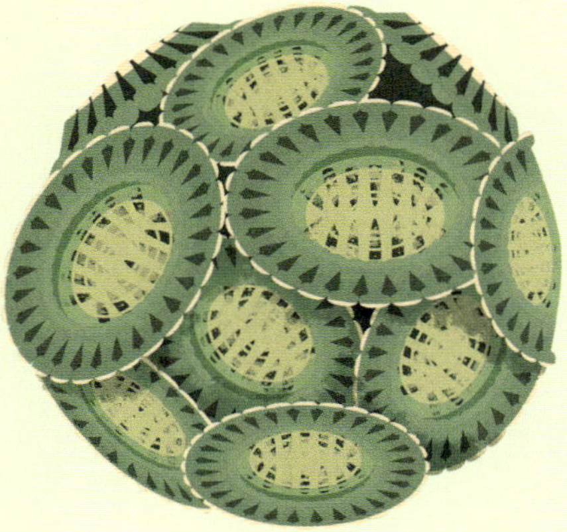

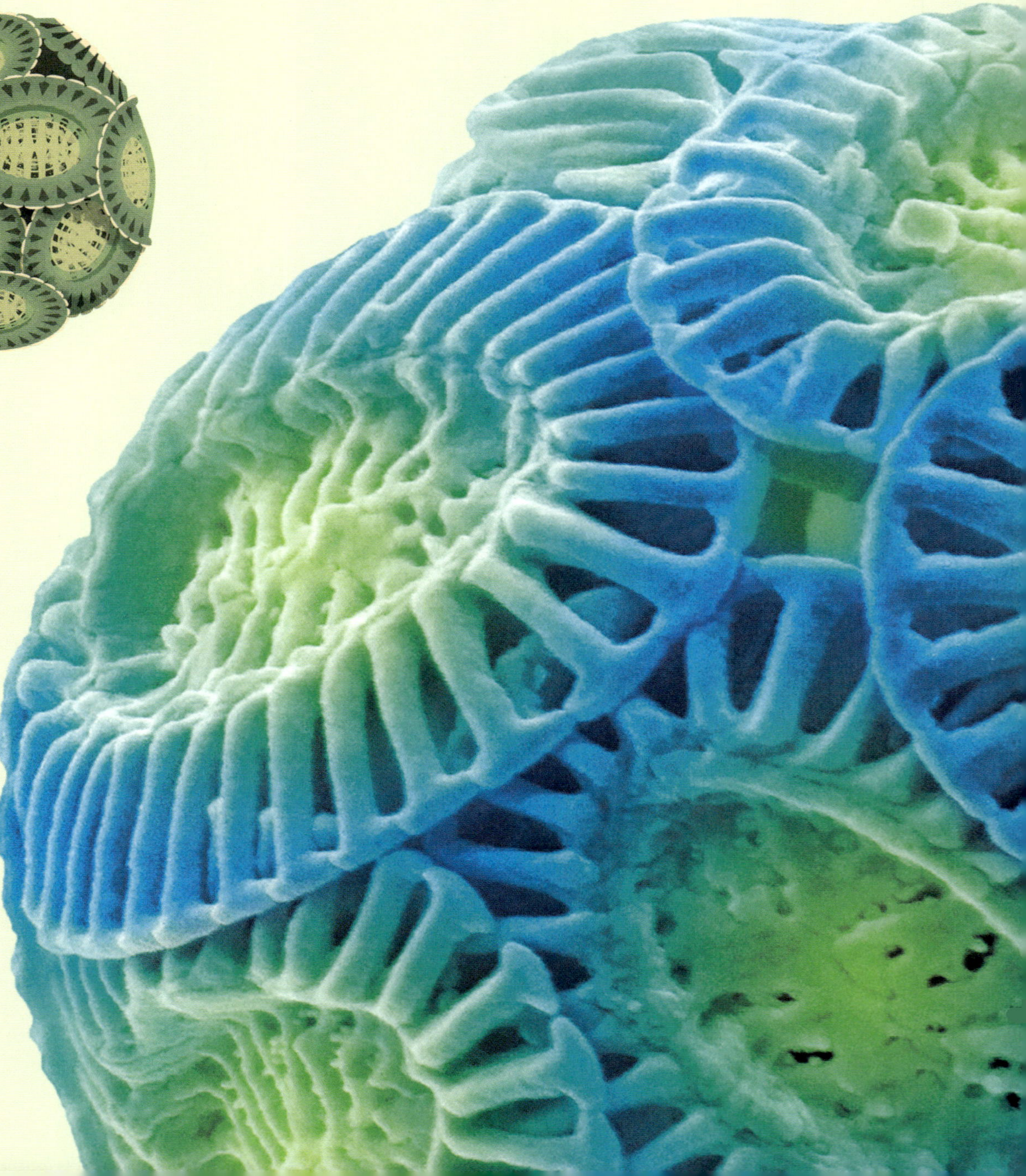

에밀리아니아
석회비늘편모류,
전 세계

석회비늘편모류는 소금 알갱이보다 작지만, 그 껍데기는 자연에서 가장 아름답다고 할 수 있어요. 둥그런 겉껍질은 코콜리드라는 수많은 판으로 싸여 있어요. 안에는 코콜리드를 만든 유기물이 있는데, 인편모조류라 불러요. 말이 참 어렵긴 하지요!

석회비늘편모류는 바다에 사는 아주 작은 유기체(생명체)예요. 살기 알맞은 환경에서는 급속하게 늘어날 수 있어요. 하루 만에 다 자랄 수 있을 정도로 엄청나게 빨리 번식한답니다! 석회비늘편모류는 여럿이 모여 번성하며 바다 위를 둥둥 떠다녀요. 바닷물 1리터에는 편모류가 1억 개나 있을 거예요. 석회비늘편모류가 번성한 모습은 우주에서 위성 사진으로도 볼 수 있어요. 햇빛에 비친 편모류 무리는 바다에 우유를 쏟은 듯 하얀빛을 내뿜는답니다.

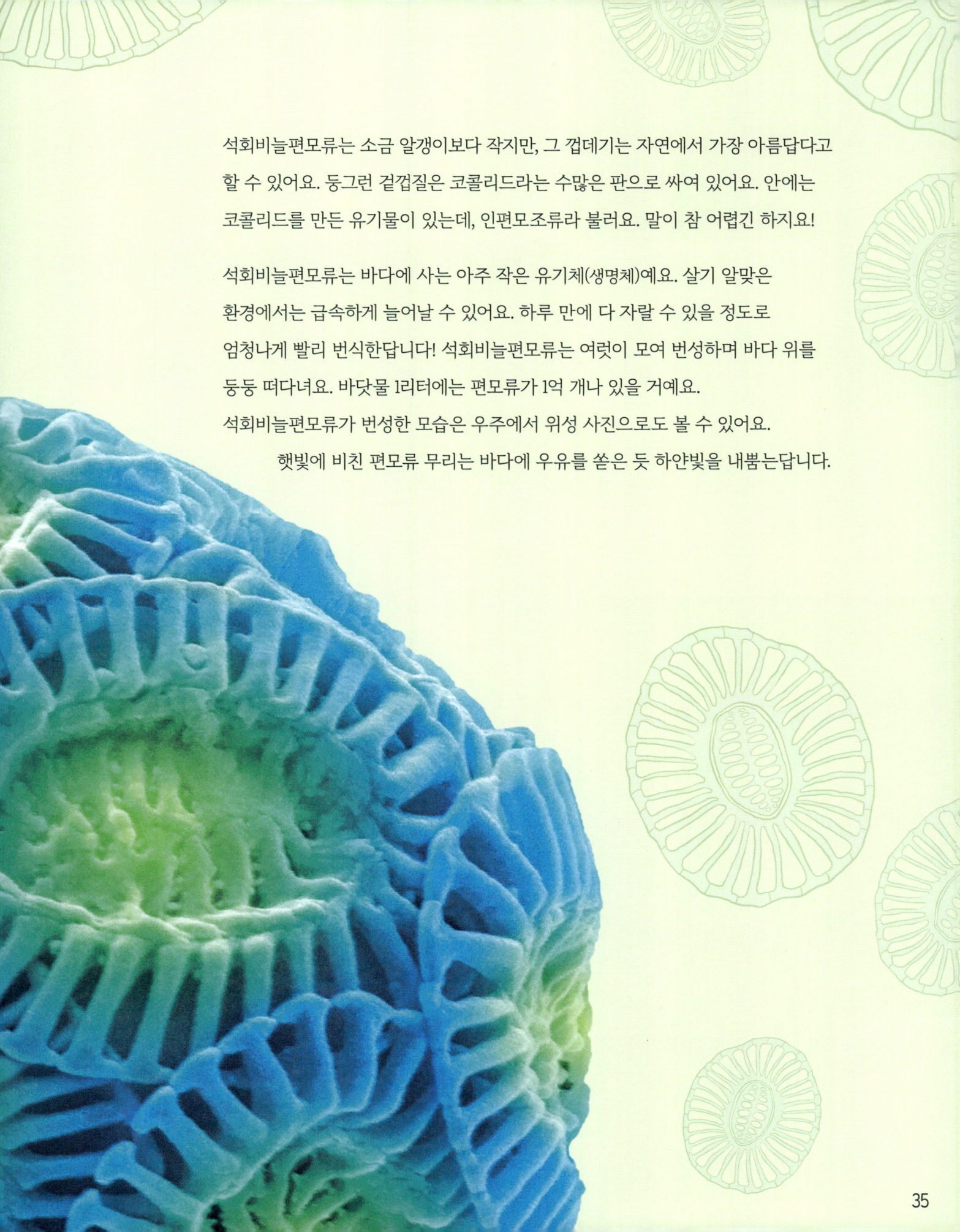

자이언트켈프,
전 세계

자이언트켈프는 하루에 60센티미터씩 자라며 45미터까지 뻗어 오를 수 있어요. 열대 우림과 맞먹는 높이이지요.

켈프

오늘 양치를 했나요? 머리는 감았고요? 아이스크림도 먹었다고요? 그렇다면 여러분은 켈프를 썼을지도 몰라요! 치약과 샴푸, 푸딩에는 켈프에서 얻은 재료가 들어간답니다. 켈프는 바다에서 자라는 거대한 해초예요. 물고기와 문어, 해달과 같은 수많은 해양 동물들이 널찍한 켈프 숲 사이에 몸을 숨기지요.

켈프는 갈조류의 일종이에요. 갈조류는 종류가 많은데 모두 크지는 않아요. 어떤 갈조류는 머리카락처럼 가늘고 길이도 몇 센티미터에 지나지 않아요. 녹조류와 마찬가지로 갈조류도 햇빛을 받아 양분을 만들어요. 어떤 갈조류는 풍선처럼 기체를 잔뜩 머금고 물 위를 떠다녀요. 덕분에 가느다란 잎사귀가 해를 바라보는 해수면 위 가까이로 뜰 수 있지요.

규조(돌말)

규조류,
전 세계

규조류는 지구의 산소 중 3분의 1을 만들어요.

알록달록한 사탕처럼 생겼지요? 사실 규조류라 불리는 아주 작은 생명체예요. 규조류는 갈조류와 관련이 있지만 크기는 훨씬 작답니다. 사람의 머리카락보다도 더 가늘지요. 규조류 사진에 색을 입히면, 구조가 저마다 복잡하고 생김새도 다르다는 것을 알 수 있어요. 규조류의 겉은 모래에서 볼 수 있는 유리 같은 물질인 이산화규소가 감싸고 있어요.

규조류는 바다에서 구름처럼 무리 지어 떠다니는 플랑크톤 중 대부분을 차지해요. 이들은 해면부터 돌묵상어에 이르기까지 물에서 먹이를 걸러 먹는 동물에게 먹잇감이 되어 주지요. 규조류가 죽으면 남은 뼈대가 바다 아래로 가라앉아 양탄자처럼 연니를 만들어요. 무려 500미터 아래에서도 볼 수 있답니다!

야광충

어두운 밤이 되면 바닷가에 환한 빛이 떠올라요. 눈길이 가는 곳마다 파도는 반짝반짝 빛나지요. 이 놀라운 광경은 수십억 개의 생물이 만든 것이랍니다. 그 주인공은 바로 야광충이에요! 야광충은 편모충의 일종인데, 물속에 사는 단세포 생물이에요. 크기가 너무 작아 핀 끄트머리에 얹어도 될 정도랍니다. 야광충은 채찍처럼 기다란 꼬리를 이리저리 휘두르며 다녀요.

야광충은 누군가와 접촉했을 때 빛이 나요. 아마 굶주린 포식자를 겁주려고 하는 걸로 보여요. 새우처럼 생긴 요각류가 야광충을 즐겨 먹는답니다. 파도가 해안을 철썩 때리며 넘실거리면, 바닷가는 온통 파랗게 빛이 나지요.

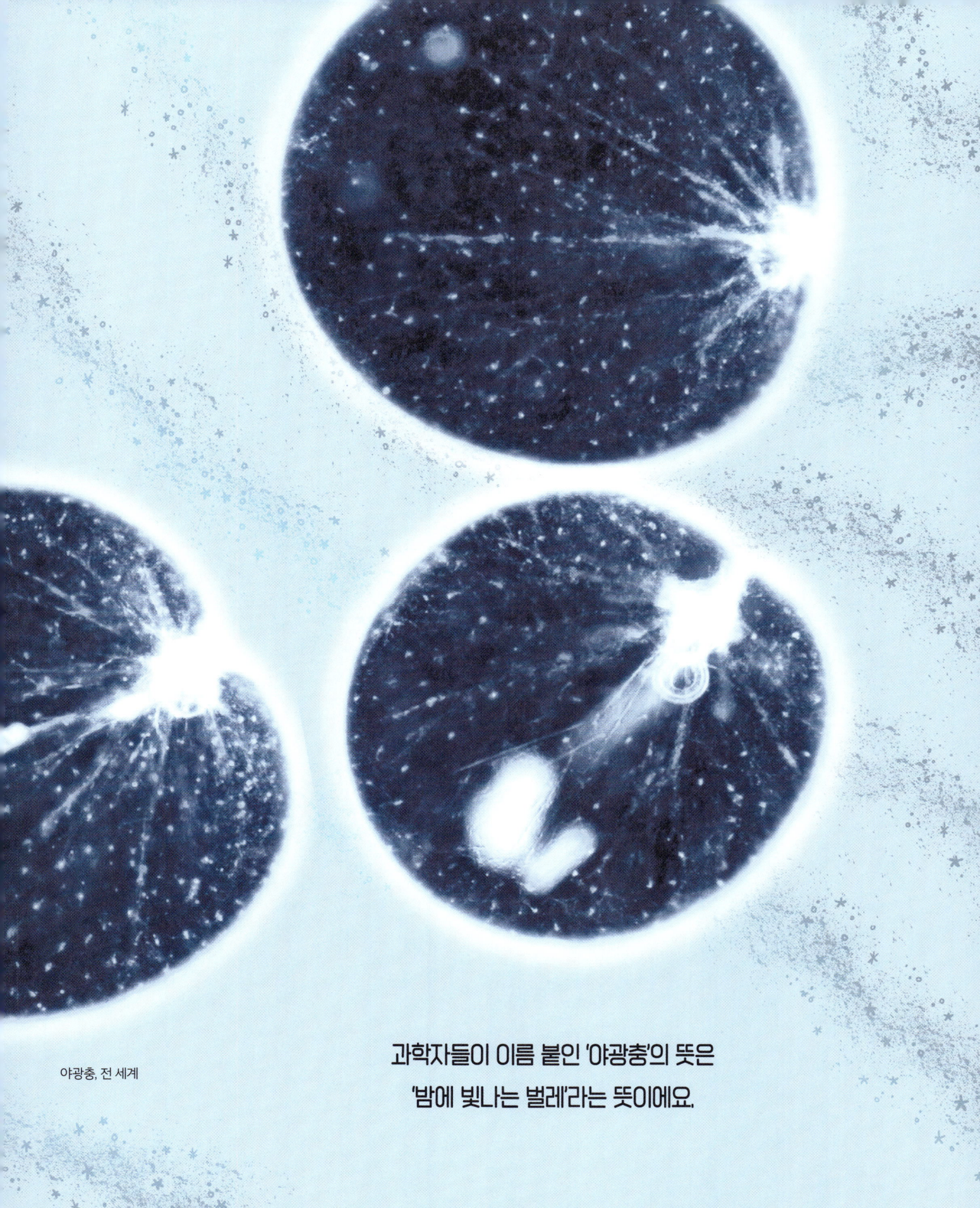

야광충, 전 세계

과학자들이 이름 붙인 '야광충'의 뜻은
'밤에 빛나는 벌레'라는 뜻이에요.

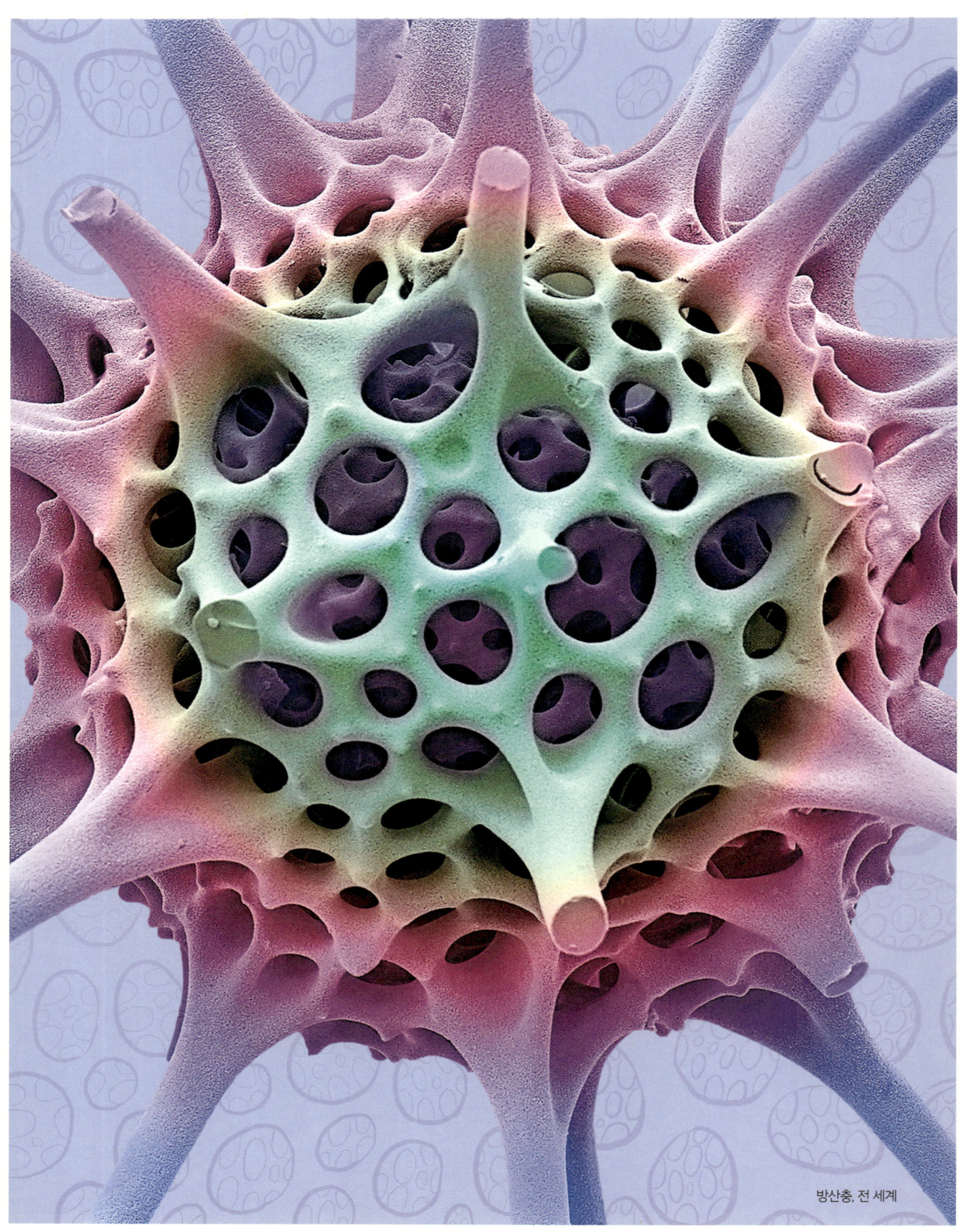

방산충, 전 세계

어떤 방산충은 가시가 돋아 있어 물에 잘 뜰 수 있어요.
하지만 가시는 매우 연약해서 부러지기 쉽지요.

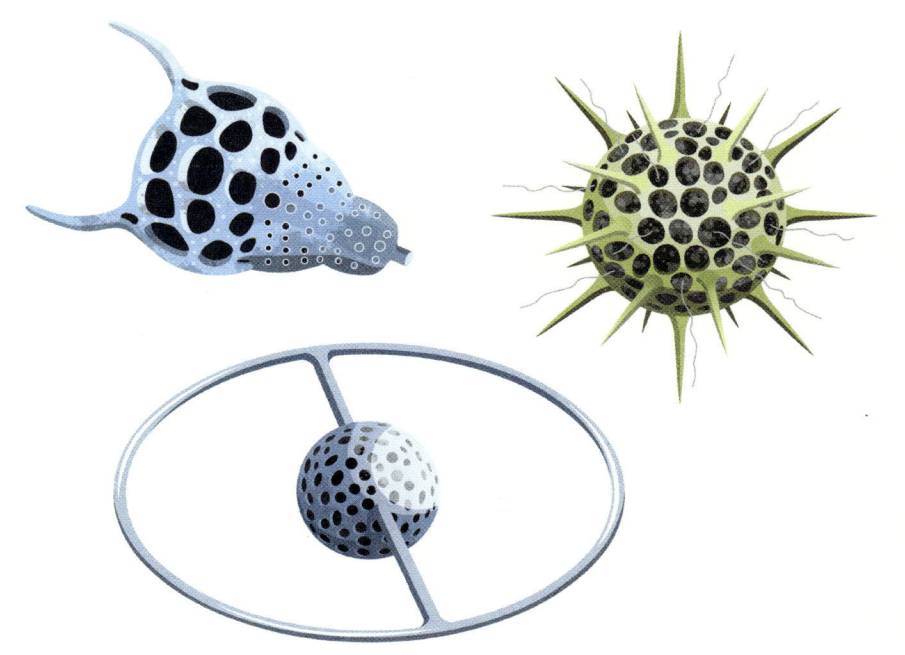

방산충

이 신기하게 생긴 미생물의 껍데기를 보면 마치 유리로 만든 것 같아요. 실제로 그렇답니다! 껍데기에는 방산충이라는 말랑말랑한 유기체가 있어요. 방산충은 저마다 이산화규소로 정교하게 뼈대를 만들어요. 이산화규소는 유리를 만들 때 쓰는 재료랍니다.

방산충은 바다에서 살아요. 먹이를 잡을 때에는 새장처럼 생긴 껍데기의 구멍으로 몸을 불룩하게 내밀어요. 그러고는 먹잇감을 찔러 잡아요. 방산충이 죽으면 텅 빈 틀만 남아요. 방산충 중에는 별을 닮은 것도 있고 골프공이나 우주선, 심지어 토성과 비슷한 것도 있어요. 여러분은 방산충을 보면 무엇이 떠오르나요?

별모래

팝콘인가요? 아니면 아침에 먹는 시리얼이냐고요? 아니에요. 사실 별모래를 모아 놓은 것이랍니다. 진짜 모래는 아니고요, 유공충이라는 아주 작은 생명체의 빈껍데기예요. 모래 알갱이만 한 뼈대는 석회로 이루어져 있는데, 어떤 것은 별모양을 띠기도 해요. 유공충은 바다 밑바닥에서 살며, 껍데기의 구멍 속에서 작은 촉수를 쑥 내밀어 세균이나 조류와 같은 아주 작은 먹이를 잡아먹어요. 별모래가 많은 것으로 미루어 보아 이곳은 아주 오래전 바다였을 가능성이 높아요.

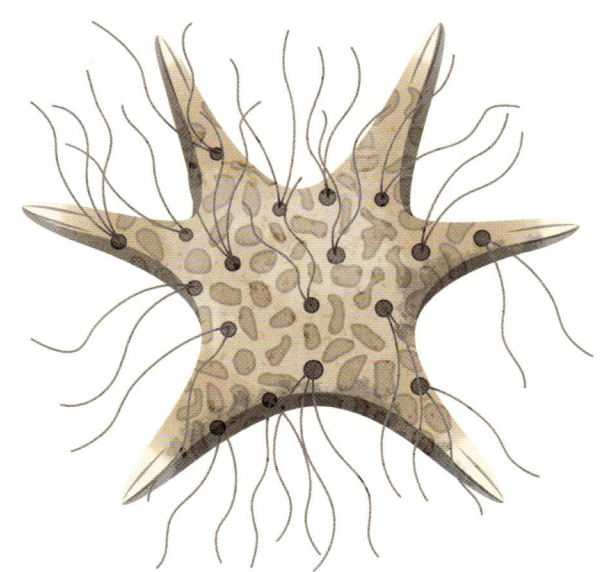

**바닷가가 온통 별모래인 곳도 있어요.
밝은 분홍색을 띠는 별모래도 있지요.**

일본 별모래,
서태평양

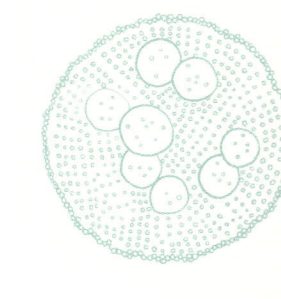

민물 녹조,
전 세계

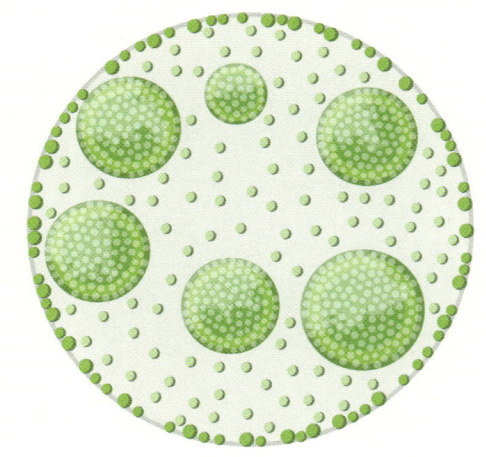

녹조류

여기 보이는 것처럼 단 하나의 물방울에도 온갖 아름답고 둥근 모양을 담을 수 있어요. 이렇게 점이 여러 개 박힌 공 하나하나를 가리켜 민물 녹조라 부릅니다. 민물 웅덩이나 연못에서 둥둥 떠다니는 민물 녹조를 볼 수 있어요. 녹조는 식물이 광합성을 하는 것처럼 태양 에너지에서 영양분을 얻어요. 이때 광합성을 돕는 색소인 엽록소 덕분에 녹조의 색깔도 식물처럼 녹색을 띠게 된답니다.

녹조는 커다란 무리를 이루어 살아요. 대체로 아주 작고 하나의 세포로 이루어져 있어서 현미경으로만 볼 수 있어요. 하지만 서로 모여 녹색 점액질처럼 되거나 해초처럼 자라기도 해요. 나무늘보와 매너티와 같은 동물 위에서 자라는 녹조도 있어요. 그래서 동물이 녹색으로 보인답니다!

민물 녹조 안에 보이는 더 작은
녹색 둥근 모양은 새끼들이에요.
새끼들은 점점 커져 이들을 감싸고 있던
부모 구체를 뚫고 나온답니다.

아메바

아메바는 아주 자그마한 젤리가 생명을 얻은 것처럼 다리를 살랑살랑 움직이다 쭉 뻗어요. 연못의 물을 유리컵에 담으면 아메바도 몇 마리 들어 있을지 몰라요. 아메바는 단세포 동물이지만 크기가 큰 경우 우리 눈에도 보인답니다. 아메바는 뇌가 없으며 모양을 이리저리 바꾸며 움직여요. 우선 끈적끈적한 손가락 모양 돌기를 밀어내고는 흐물거리는 몸을 따라 움직여요. 끈끈한 점액처럼 이동하는 것이지요.

아메바의 크기가 작다고 해서 온순하리라 여겨서는 안 돼요. 녀석들은 호랑이만큼이나 사납거든요! 아메바는 먹잇감 곁을 돌아다니다 산 채로 에워싸서 잡아먹어요. 다행히 아메바가 좋아하는 먹잇감은 다른 미생물이랍니다.

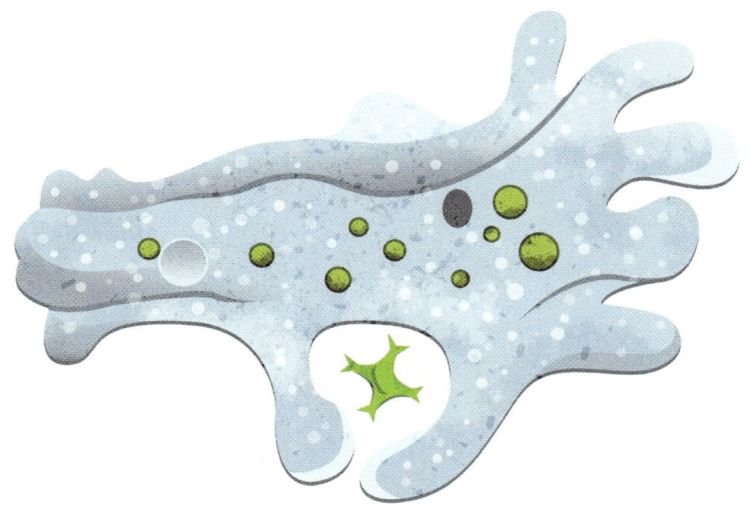

아메바는 몸을 반으로 갈라서 쌍둥이처럼 똑같은 개체를 만들 수 있어요.

프로테우스아메바,
전 세계

어떤 독버섯은 둥글게 원을 그리며 자라요.
이를 가리켜 '요정의 고리'라고 불렀는데, 사람들은
요정과 정령들이 춤을 추고 지나간 자리라고 믿었대요.

독버섯

독버섯에 돋아난 빨갛고 하얀 무늬는 경고의 표시예요. 아주 무시무시한 독이 들어 있다는 뜻이지요! 독버섯이 모두 위험한 것은 아니지만, 독이 있는 경우가 많으니까 뽑아서 먹으면 절대 안 돼요. 독버섯은 식물도 동물도 아니에요. 균류라는 무리에 속해 있지요. 버섯과 곰팡이도 모두 균류예요.

균류는 주로 사람들 눈에 띄지 않는 곳에 살아요. 우리 눈에 보이는 것은 사람들이 버섯에서 주로 먹는 부분일 뿐이에요. 땅속에서는 뿌리와 비슷하게 실 모양 수백만 가닥이 서로 얽히고설켜 자라며, 죽거나 썩은 것을 영양분으로 삼아요. 웩! 좀 더럽다고 생각할 수 있지만, 균류 덕분에 흙에서 썩은 물질이 계속 쌓이는 것을 막을 수 있어요. 이렇게 중요한 역할을 맡고 있기 때문에 지구의 생명체들은 균류 없이 살 수 없답니다.

광대버섯, 전 세계

지의류

생명이 살아가는 데 나눔이 중요할 때가 있어요. 그중에서도 지의류는 가장 아낌없이 나누어 준답니다. 지의류는 같은 몸체에 다른 두 개의 유기체가 살아요. 하나는 균류예요. 그리고 그 안에는 녹조가 살지요. 균류는 녹조를 안전하게 보호해 주고 물을 나누어 주어요. 녹조는 햇빛에서 영양분을 만들어 균류와 나누어 먹지요. 서로 돕고 사는 사이좋은 관계로군요!

지의류는 식물이 살기 어려운 혹독한 환경에서 주로 볼 수 있어요. 흙이 필요 없기 때문에 바위나 벽, 지붕 위에서 살 때도 있답니다. 남극이나 북극 근처에서 보이기도 해요. 지의류는 번식할 때 먼지처럼 생긴 포자 덩어리를 만들어요. 사방으로 퍼진 포자가 자라면 새로운 지의류가 되지요. 순록이끼는 밝은 빨간색 포자를 만들어요.

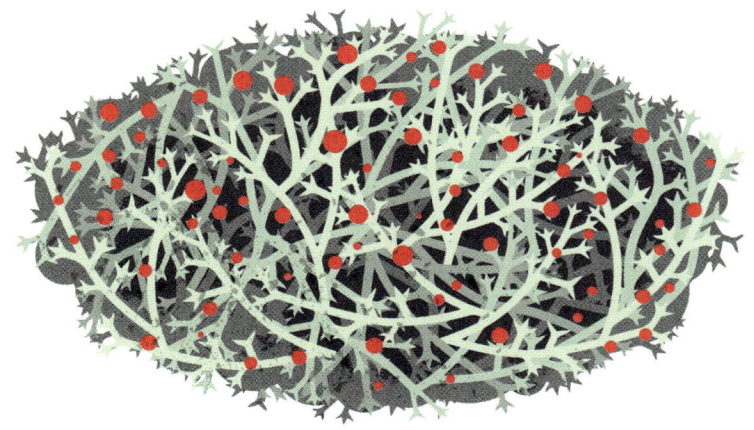

은은한 은회색을 띠는 순록이끼는 겨울철 순록에게 중요한 먹이가 되어 준답니다.

순록이끼(스칸디아모스),
북극

물곰, 전 세계

물곰

물곰은 어디에나 있어요. 이 아주 작은 동물은 산꼭대기에서 깊은 바닷속에 이르기까지 세상 모든 곳에 산답니다. 오직 필요한 것은 물 약간뿐. 몸길이는 0.5밀리미터밖에 되지 않으며, 고리처럼 생긴 발톱으로 부드러운 이끼를 긁어 먹어요. 물곰은 완보동물 또는 이끼 돼지라고도 불러요.

물곰은 그 어떤 동물보다도 강인해요. 꽁꽁 얼어도, 팔팔 끓는 물에 삶아도, 엑스선을 쏘아도, 아니면 어마어마한 압력을 받아도 살아남을 수 있어요. 너무 건조해지면 몸을 웅크리고 구겨서 작은 통처럼 만들어요. 수분을 얻으면 물곰은 몸을 부풀려 아무 일 없었다는 듯 다시 길을 떠난답니다. 심지어 아주 오랜 시간이 흐른 뒤에도요!

2007년에는 물곰을 우주로 보냈어요. 물곰은 우주선 밖에서 유일하게 살아남은 동물이에요.

요각류

**어떤 요각류는 다른 동물의 몸에 기생해요.
상어의 눈에 붙어 사는 요각류도 있답니다!**

물 한 숟가락은 요각류에게 수영장이나 다름없어요. 요각류는 새우와 비슷하게 생긴 동물이에요. 녀석들은 북슬북슬한 다리로 물을 차며 헤엄쳐요. 몸은 대개 투명하지만, 어떤 요각류는 어둠 속에서 청록색으로 반짝이기도 해요. 눈은 머리 한가운데에 하나밖에 없는 경우가 많아요. 그리스의 신화에 등장하는 외눈박이 괴물 키클롭스처럼요.

이와 더불어 요각류는 지구에서 가장 여행을 많이 하는 동물이기도 해요. 달빛이 비치는 밤이면 요각류 무리가 전 세계의 해수면 위로 떠올라요. 그리고 아침이 되면 다시 깊은 바닷속으로 가라앉지요. 덕분에 낮에는 굶주린 포식자에게 잡아먹힐 염려가 없어요.

테모라요각류,
대서양

이끼

이끼는 둥근 쿠션이나 보드라운 양탄자 모양으로 자라는 단순한 식물이에요. 대부분 숲이나 민물 근처 축축한 곳에 살아요. 전 세계에 9,000가지가 넘는 이끼가 있답니다.

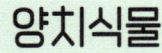

양치식물

고불고불한 줄기와 깃털처럼 길게 갈라진 잎이 특징인 양치식물은 숲에서 흔히 볼 수 있어요. 우산이끼와 이끼, 석송처럼 양치식물도 씨를 뿌리지 않고 작은 포자를 퍼뜨려 번식해요.

식물

식물은 자그마한 이끼 무더기에서 키 큰 나무까지, 모양과 크기가 정말 여러 가지예요. 동물과 달리 다른 식물이나 동물을 쫓아서 먹을 수 없죠. 식물이 영양분을 얻을 때 필요한 것은 단 세 가지밖에 없어요. 물과 햇빛 그리고 이산화탄소랍니다. 식물을 머릿속에 그려 본다면 가장 먼저 초록색이 떠오를 거예요. 초록색은 엽록소라는 색소에서 오는데, 햇빛에서 에너지를 만드는 마법 같은 물질이랍니다. 덕분에 식물은 영양분으로 쓸 당분을 만들 수 있어요. 여기에서는 구조가 단순한 우산이끼부터 눈부시게 아름다운 꽃까지 다양한 식물을 살펴볼 거예요.

침엽수

침엽수류는 원뿔 모양 열매 안에 씨앗을 만들어요. 전나무와 소나무, 삼나무 등 일반적인 침엽수는 바늘같이 뾰족한 잎이 1년 내내 달려 있고, 사계절 대부분 초록색을 띠는 상록수예요.

꽃식물

여러분 주위에 보이는 식물은 대부분 꽃을 피우는 식물에 속해요. 대개 아름다운 꽃을 피워 수분을 도와줄 다른 동물을 끌어들이지요. 동물들은 꽃에 있는 꽃가루를 다른 꽃에 옮겨 주어 열매와 씨앗을 맺도록 해 줘요.

석송

석송은 이끼와 비슷하지만, 이끼가 아니라 원시 식물에 속해요. 수백만 년 전, 석송은 나무처럼 높이 자랐지만 오늘날의 석송은 크기가 작아요. 단순하게 생긴 잎은 단단하고 좁으며, 비늘로 뒤덮여 있어요.

우산이끼

지구는 처음에 허허벌판에 돌무더기밖에 없었어요. 우산이끼는 이때 처음 등장한 녹색식물 중 하나였지요. 뿌리나 잎, 줄기가 없고 습기가 많은 서식지에서 땅 위를 타고 뻗으며 자라요.

우산이끼 한 개체는 오랜 세월에 걸쳐 몇 미터씩 자라요.

우산이끼

4억 7000만 년 전으로 거슬러 올라가 보아요. 여러분은 육지에서 그 어떤 동물도 볼 수 없어요. 공룡도, 포유류도, 더 나아가 곤충도 없지요. 하지만 식물은 곳곳에 보여요. 밝은 초록색 우산이끼 말이에요. 우산이끼는 뿌리나 줄기, 덩굴, 꽃이 없는 단순한 식물이에요. 줄기가 없기 때문에 높이 자랄 수 없어요. 그래서 흙이나 바위를 따라 뻗으며 자랄 수밖에요. 우산이끼는 축축하고 어두운 곳에 숨어 살지요.

우산이끼는 이따금 작은 우산 모양으로 쑥 올라올 때가 있어요. 그렇다고 비를 막을 수는 없어요. 이 우산 모양으로는 포자를 만든답니다. 포자는 씨앗과 같은 입자인데, 여기에서 새로운 우산이끼가 자라요. 우산이끼는 넓적한 표면에 작은 주머니로 스스로를 복제하여 번식할 수도 있어요.

우산이끼, 유럽

부처손

뜨겁고 모래 가득한 사막에 빗방울이 뚝뚝 떨어지기 시작합니다. 이윽고 비가 쏴아 쏟아져요. 공처럼 둥글게 말린 채 죽은 잎사귀 위로 빗물이 튀기네요. 그런데 바싹 마른 갈색 식물이 웅크린 몸을 펴더니 쭉 뻗고 녹색으로 변합니다. 죽었던 식물이 되살아나고 있어요!

이 식물은 부처손속이라는 아주 오래전부터 등장한 식물군에 속해 있어요. 어떤 종은 부활초라고도 부르지요. 땅이 너무 건조해지면 부활초의 잎사귀는 둥글게 말리고 완전히 오그라듭니다. 하지만 물에 젖어 축축해지면 몇 시간 지나지 않아 다시 펴져요. 이렇게 잎사귀를 돌돌 말았다 펼 수 있는 이유는 잎이 꺾이지 않고 유연하게 구부릴 수 있기 때문이에요.

부활초는 수분을 95퍼센트까지 잃고도 살아남을 수 있어요. 공 모양을 한 채 메마른 상태로 몇 년이고 버틸 수 있답니다.

부활초, 북아메리카 남부

양치식물 (고사리)

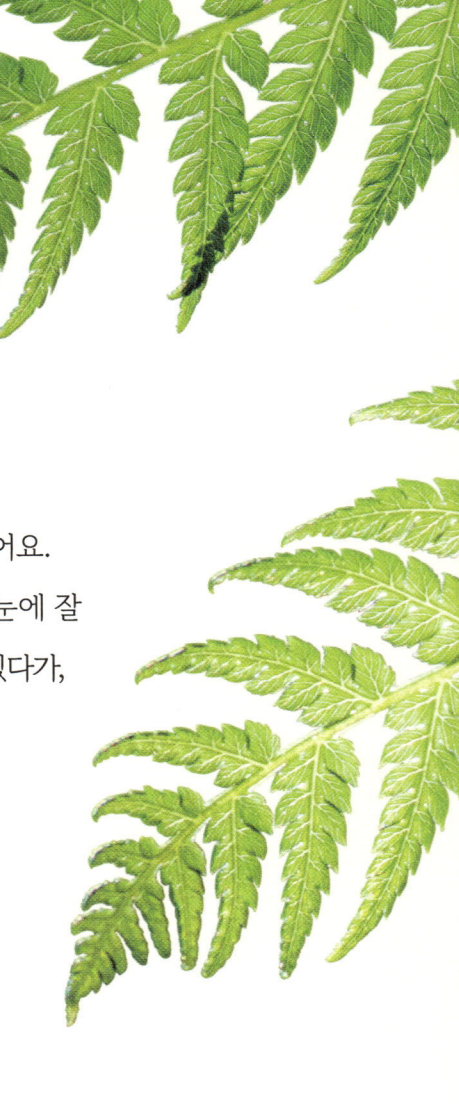

나무고사리, 오스트레일리아

초식 공룡은 아침과 점심, 저녁거리로 무엇을 먹었을까요? 바로 고사리예요! 오늘날 볼 수 있는 식물이 거의 존재하지 않았던 그 먼 옛날에도, 고사리는 동물들이 즐기던 먹이였답니다. 전 세계 어디든 어둡고 축축한 곳에 가면 고사리를 볼 수 있어요. 고사리는 숲속 땅 가까이서 자란답니다. 고사리는 길게 갈라진 잎 덕분에 눈에 잘 띄어요. 각각의 잎사귀는 고사리 가운데에서 고리 모양으로 단단히 말려 있다가, 잎을 펴면서 기다란 세모꼴을 이루어요. 어떤 고사리는 오래된 뿌리에서 '나무기둥'이 자라지요. 이러한 나무 고사리는 기린만큼이나 높이 자랄 수 있답니다. 어떤 고사리는 나무 위로 높다랗게 자라 빽빽한 숲을 벗어나 햇빛을 받아요.

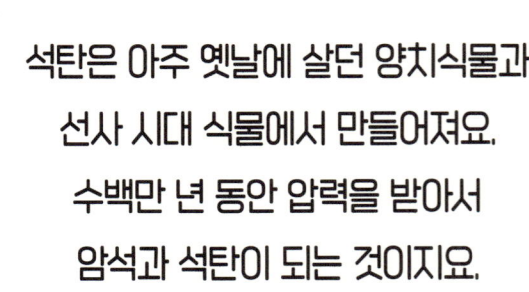

석탄은 아주 옛날에 살던 양치식물과 선사 시대 식물에서 만들어져요. 수백만 년 동안 압력을 받아서 암석과 석탄이 되는 것이지요.

은행나무

은행나무, 중국

은행을 영어로 '징코 ginko'라 하는데,
'은빛 살구'라는 중국어에서 따왔어요.

2억 년도 더 전, 지구의 육지가 은행나무로 뒤덮인 적이 있었답니다. 지금은 중국의 일부 지역에만 야생 은행나무가 살아요. 하지만 생김새는 옛날 은행나무와 다르지 않아요. 은행나무는 '살아 있는 화석'이라 불리고는 해요. 잎은 부채꼴인데, 오늘날 다른 나무에서는 볼 수 없을 정도로 모양이 특이해요. 가을이 되면 잎은 밝은 노란색으로 바뀌고 낙엽이 되어요.

은행나무는 독특하게도 암나무와 수나무가 따로 있어요. 그래서 식물보다 동물에 가까운 것 같죠. 게다가 꽃도 피우지 않아요. 그 대신 암나무에는 바람에 흩날리는 수나무의 꽃가루를 잡을 수 있는 끈적끈적한 새순이 있어요. 암나무에서 자라는 열매에는 고약한 냄새가 난답니다. 아이고, 내 코!

세쿼이아, 북아메리카 서부

세쿼이아

숲에서 가장 높다랗게 자라는 세쿼이아는 어디에서든 눈에 띄어요. 이 괴물처럼 큰 나무는 숲의 고층 빌딩 같답니다. 그중에서도 가장 큰 세쿼이아는 높이가 84미터나 되어요. 미국에서는 나무를 깎아 자동차가 지나갈 수 있는 터널로 만들기도 했답니다!

세쿼이아는 삼나무라고도 하며, 나무껍질이 붉게 녹슨 것 같은 색을 띠어요. 나무껍질은 두껍고 푹신한데, 이러한 특징 덕분에 산불이 일어나도 나무를 안전하게 보호할 수 있지요. 세쿼이아는 침엽수의 일종으로, 바늘같이 가느다란 잎이 돋아나고 씨앗으로 가득 찬 열매가 맺혀요. 나무 크기가 엄청나게 큰데 비해 세쿼이아의 열매는 너비가 5센티미터에 지나지 않는답니다.

세쿼이아 중에는 3,500살이나 된 것도 있어요. 파라오가 고대 이집트를 지배하던 시대에 뿌리를 내린 셈이지요.

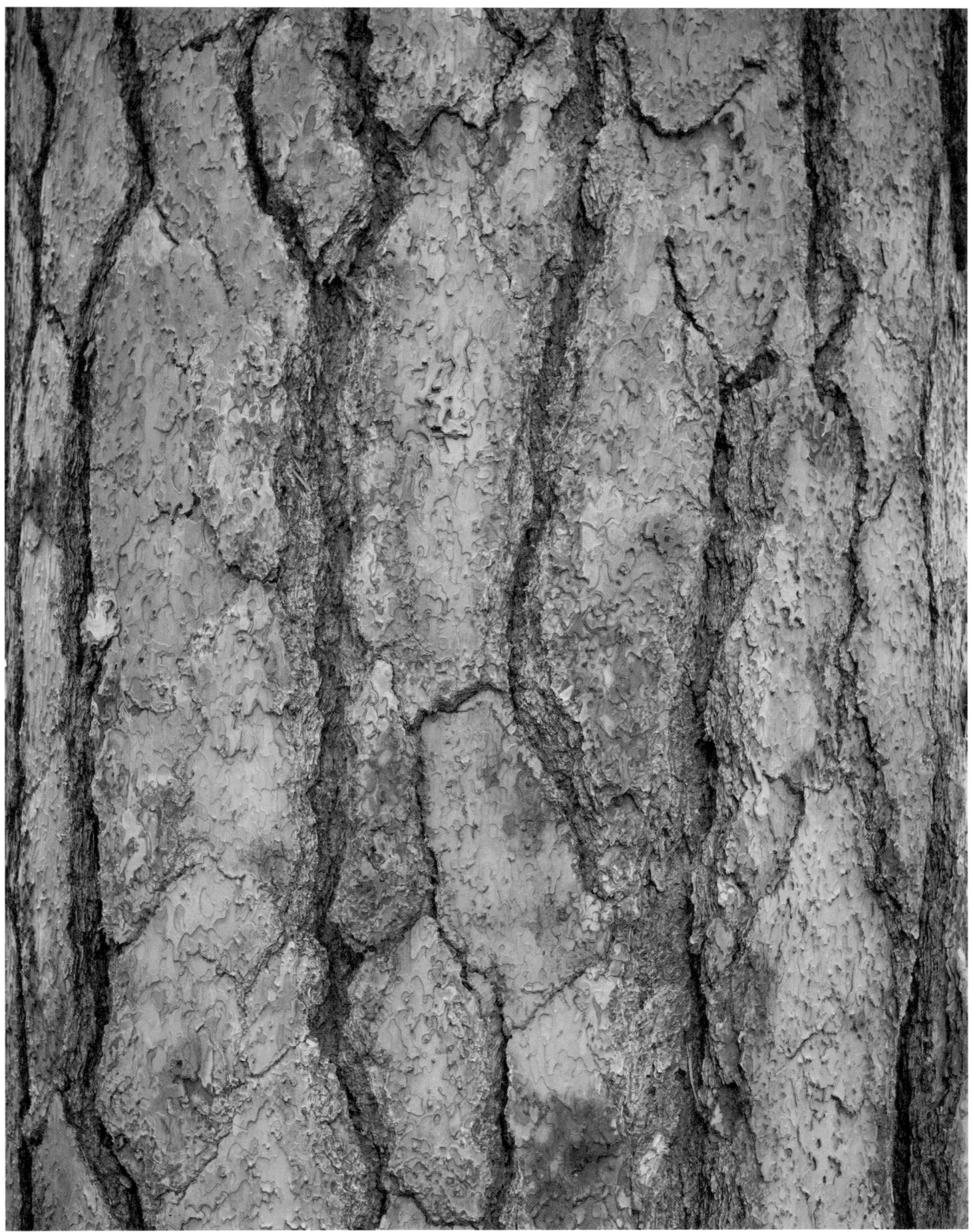

수련

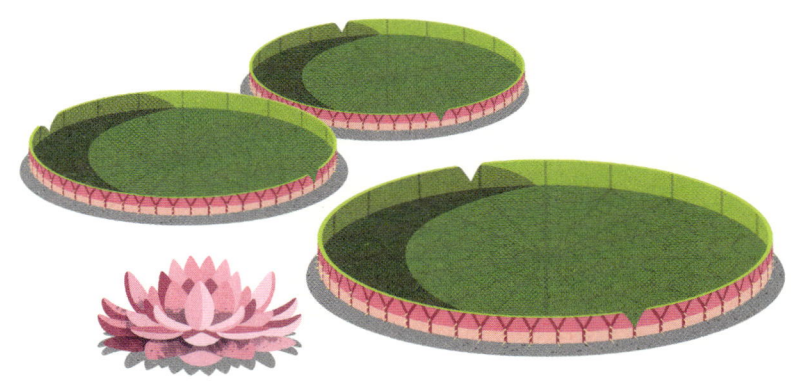

커다란 방석을 얹은 것 같은 수련은 강 위를 둥둥 떠다니며 개구리와 곤충들에게 아늑한 안식처가 되어 주어요. 수련 잎 아래로는 두꺼운 줄기가 진흙 밑바닥까지 이어져 있어 떠내려가지 않도록 지탱해 주지요. 마치 배의 닻처럼 말이에요. 아마존수련의 너비는 2.5미터나 되는데, 돌기가 있어 굶주린 물고기를 막을 수 있어요.

아마존수련은 아름다운 꽃도 피운답니다. 하지만 꽃잎은 어느새 덫으로 바뀌고 말아요! 딱정벌레가 하얗게 핀 꽃의 파인애플 향에 이끌려 안으로 기어 들어오면, 꽃은 밤새 꽃잎을 닫고 딱정벌레를 가두어 버려요. 벌레들은 꽃 속에 갇혀 있는 동안 온몸이 꽃가루로 뒤덮여요. 다음 날 꽃은 분홍색으로 바뀌고, 딱정벌레를 밖으로 내놓습니다. 그러면 딱정벌레는 꽃가루를 다른 수련으로 옮겨다 주어요.

아마존수련, 남아메리카 북부

아마존수련은 아주 큰 잎이 최대 50장까지 자라요.

목련의 영어 이름인 '매그놀리아 Magnolia'는
프랑스 과학자인 피에르 마놀의 이름에서 따왔어요.
그는 식물들이 서로 어떤 관계에 있는지 연구했답니다.

목련

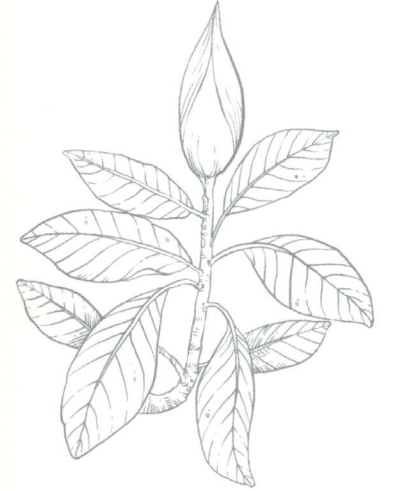

목련은 지구에서 처음 꽃을 피운 식물이에요. 아주 오래전부터 지구에 살았던 목련은 커다란 꽃을 피워 딱정벌레를 끌어들이고는 했지요. 딱정벌레는 꽃가루를 옮겨 주지만, 마구 헤집고 다니기 때문에 목련 꽃잎은 두껍고 튼튼해야 했어요.

어떤 목련은 가을에 잎이 떨어져요. 꽃봉오리에는 털로 복슬복슬한 덮개가 있어 겨울에도 따스하게 지낼 수 있지요. 봄이 되면 꽃봉오리가 터지며 꽃이 피고 나뭇잎도 다시 자라요. 1년 내내 푸르른 목련도 있어요. 남목련이 바로 이런 상록수이며, 너비가 최대 30센티미터나 되는 커다랗고 하얀 꽃을 피운답니다! 솜털이 보송보송하고 생김새가 희한한 열매 안에는 밝은 붉은색 씨앗이 자라요. 씨앗은 새와 다람쥐에게 맛 좋은 간식이 되어 주지요.

남목련,
북아메리카 남부

백합

세상에서 가장 남다른 꽃을 꼽자면 백합이 떠오를 거예요. 백합에서 피어 나오는 향기는 방 안을 향긋하게 채워 주지요. 호랑이백합이라고도 불리는 참나리는 주황색 바탕에 검은 점박이 무늬를 보고 이름을 지었어요. 아시아에서는 호랑이가 백합으로 변했다는 전설도 있지요. 백합은 겨울에 자취를 감추어요. 양파 모양 구근이 되어 땅속에서 추운 몇 달을 보내지요. 구근에는 영양분이 가득해요. 덕분에 백합은 따뜻한 계절이 돌아올 때 구근을 영양 삼아 쑥쑥 자란답니다.

백합 꽃 가운데의 길쭉한 모양 위에 작은 소시지 같은 것이 보일 거예요. 갈색 꽃가루가 묻은 것이랍니다. 곤충이 이곳을 건드려서 꽃가루를 묻히고, 그대로 다른 꽃으로 날아가지요. 이렇게 꽃가루가 이 식물에서 저 식물로 옮겨 가며 씨앗이 만들어져요.

참나리는 잎사귀 맨 밑에 작은 구근을 만들어요. 구근이 잎에서 땅으로 떨어지면 새 백합이 싹을 튼답니다.

참나리, 아시아

난초

이 식물을 보면 고개를 갸웃할 거예요. 오리가 날고 있는 모습은 아니랍니다. 난초의 꽃이에요! 전 세계에서 발견된 난초만 해도 3만여 종이나 되어요. 그리고 특이한 난초도 많아요. 원숭이 얼굴처럼 생긴 난초가 있는가 하면, 하얀 비둘기와 털이 보송보송한 꿀벌, 반짝이는 파리, 슬리퍼와 닮은 난초도 있어요!

어떤 난초는 강한 향을 내뿜어요. 그 향이 모두 좋지만은 않아요. 사람들은 보통 난초의 향이라고 하면 오렌지와 바닐라, 초콜릿 그리고 오줌을 떠올려요. 다윈난초는 밤에 특히 강한 향을 내뿜어서 특별한 종류의 나방을 끌어들이지요. 이 나방은 길이가 30센티미터나 되는 혀가 있는데, 관 모양 혀끝을 난초에 넣어 꿀을 빨아 먹는답니다.

난초는 작고 먼지처럼 생긴 씨앗을 만드는데, 그 수가 어마어마해요. 어떤 난초는 1년에 씨앗을 1,000만 개나 뿌릴 수 있다고 해요!

큰오리난초,
오스트레일리아

붓꽃

붓꽃은 어여쁜 색에 커다란 꽃잎 덕분에 매우 인기가 많아요. 수선화와 튤립처럼 구근에서 자라기도 하고, 땅속줄기에 저장한 지방을 먹고 자라기도 하지요.
빨간색과 주황색, 노란색, 파란색 또는 자주색으로 물든 꽃은 화려한 자태를 뽐내요. 꽃잎에는 줄이나 점이 한 줄로 놓여, 꽃의 가운데를 향하고 있지요.
곤충들은 꽃잎에 있는 줄과 점을 따라 꽃의 가운데로 들어가요. 공항의 활주로처럼 붓꽃도 이러한 방식으로 곤충들에게 달콤한 꿀이 있는 곳을 안내하는 거예요.

고대 그리스에서는 붓꽃이 무지개의 여신인 아이리스로 등장해요. 아이리스의 임무 중 하나는 다른 신들에게 소식을 전하는 것이었지요. 아이리스는 바람 못지않게 빠르게 날 수 있었다고 해요.

그물무늬 붓꽃,
서아시아

작은 그물무늬 붓꽃은 높이가 겨우 10센티미터밖에 되지 않지만, 조랑말만큼 높이 자라는 붓꽃도 있어요.

용혈수,
예멘 근처 소코트러섬

용혈수

동아프리카의 밝고 푸른 바다 한가운데, 열대의 무인도에서는 나무가 피를 흘린대요! 나무를 자르면 기이한 붉은색 액체가 흘러나와요. 하지만 진짜 피는 아니랍니다. 나무껍질이 상처를 입었을 때 나무를 보호해 주는 수지예요. 옛날에 이 섬을 찾아온 상인들은 나무에서 흘러내리는 수지를 보고 마법이라고 생각했어요. 사람들은 '나무의 피'를 모아서 말린 뒤, 무엇이든 치료해 주는 묘약으로 팔았지요. 용혈수의 수지는 지금도 붉은색으로 염색하는 재료로 쓰이고 있어요.

섬에는 용과 코끼리가 싸움을 했다는 전설도 전해 내려와요. 용과 코끼리의 몸에서 흘러나온 피가 땅으로 쏟아졌답니다. 용이 흘린 피가 자라 나무가 되었다나요.

**용혈수는 거꾸로 편 우산처럼 생겼어요.
위로 뻗은 가지로 바다 안개에서 올라온 수분을
거두어들인답니다.**

야자나무

무슨 일이 있어도 야자나무 아래에는 앉지 않도록 해요. 나무에서 코코넛 열매가 대포알 같은 위력으로 떨어지거든요! 잘 익은 코코넛은 껍데기가 두껍고 복슬복슬한 외피로 감싸여 있어 물에 둥둥 뜰 수 있어요. 코코넛이 바다로 굴러가면 파도를 따라 두둥실 물 위를 넘나들지요. 열매가 해안가로 떠밀려서 오면 나무의 영양분이 되고, 열매의 즙은 새 나무로 자라요.

살짝 굽어서 자라는 야자나무를 보면 햇살 가득한 바닷가가 펼쳐지는 열대의 풍경이 저절로 떠올라요. 하지만 야자나무가 항상 안락한 삶을 즐기는 것은 아니랍니다. 폭풍우가 불어 닥치면 나무는 비바람에 이리저리 휘청거려요. 다행히 축 늘어진 잎사귀들 사이로 바람이 지나갈 수는 있지요. 나무 몸통도 유연해서 꺾이지 않고 구부러집니다.

코코넛은 너무 단단해서 깨뜨리기 힘들지만,
덩치가 큰 야자나무게는 집게로
껍데기를 손쉽게 부순답니다.

코코넛야자,
태평양과 인도양 해변

여인초

'여행객의 나무'라는 뜻의 여인초는 오랫동안 수수께끼의 대상이었어요. 왜 꽃을 질긴 외피 속에 숨기고, 씨앗은 왜 그토록 밝은 파란색일까? 그러다 과학자들은 원숭이와 생김새가 비슷한 여우원숭이가 꽃을 뚫고 달콤한 꿀을 먹는 모습을 목격했어요. 여우원숭이가 꿀을 먹는 동안, 꽃가루가 털에 달라붙어요. 그러고는 여우원숭이가 이 나무에서 저 나무로 옮겨 다니며 꽃가루를 뿌리는 것이었죠. 여우원숭이는 여인초의 씨앗도 먹어요. 여우원숭이가 여기저기에 싼 똥에 씨앗이 그대로 나오지요. 씨앗은 파란색이라 여우원숭이가 손쉽게 찾을 수 있답니다. 나무와 여우원숭이가 서로 도우며 사는 거예요.

여인초의 나뭇잎을 보면 커다란 선풍기가 떠올라요. 나무가 자라는 사이 가장 아래에 있던 나뭇잎이 떨어지는데, 그러면 더 큰 나뭇잎이 위로 솟아오른답니다.

여인초의 나뭇잎은 항상 같은 쪽을 향한다는 속설이 있어요. 그래서 여행하는 사람들이 여인초의 잎사귀 방향을 보고 길을 찾는다나요.

여인초(부채파초), 마다가스카르

어떤 브로멜리아드는 자랄 때 나무가 필요하지 않아요.
전깃줄 같은 사람들이 만든 구조물에 살포시 앉아
자랄 때도 있답니다.

브로멜리아드

어떤 열대 우림에는 나무에 꽃밭이 펼쳐지는 곳이 있어요. 여기에서 피는 꽃을 브로멜리아드라 하는데, 나무 몸통과 나뭇가지 꼭대기에 자리를 잡고 피어난답니다. 브로멜리아드는 컵처럼 생긴 꽃 속에서 매끈매끈한 잎사귀가 돋아나요. 잎사귀의 색도 밝은 녹색부터 분홍색, 노란색까지 다양하지요. 꽃은 아주 작고 한가운데에서 피어요.

브로멜리아드는 흙도 없는데 어떻게 사는 걸까요? 열대 우림에서는 비가 많이 내리기 때문에, 식물이 공중에서 필요한 수분을 흡수할 수 있어요. 빗물이 브로멜리아드 잎사귀들 가운데로 똑똑 떨어지면 작은 연못이 되기도 한답니다. 나무 위의 연못은 올챙이의 보금자리가 되어 주어요. 개구리가 브로멜리아드 연못으로 올라가 알을 낳거든요. 또한 열대 우림에서 작은 게의 집이 되어 주기도 한답니다!

탱크브로멜리아드,
브라질

파피루스의 줄기는 둥글지 않고
세모꼴이에요.

파피루스

어떤 식물은 너무나 중요해서 역사의 일부가 되기도 해요. 대표적인 예가 파피루스랍니다. 파피루스는 왕골이라 부르는 풀처럼 생긴 식물의 일종인데, 먼지떨이 같은 것이 맨 위에 달려 있어요. 뿌리가 축축하게 젖어 있어야 해서 주로 습지나 강가에 자라요. 이곳에서 파피루스는 코끼리만큼이나 크게 자란답니다.

약 5000년 전, 고대 이집트인들은 파피루스의 줄기에서 얻은 튼튼한 섬유로 바구니와 밧줄, 샌들뿐만 아니라 배까지 만들었어요. 그중에서도 가장 유용한 물건은 섬유로 만든 두꺼운 종이예요.
이 종이도 파피루스라 불렸어요.
이집트인들은 파피루스에 의학
지식이나 수학과 같은 중요한 정보를
기록해 놓았답니다.

파피루스, 아프리카

세계에서 가장 높은 소나무는
10층 건물 높이만큼
자란답니다.

대나무

대나무는 성미가 몹시 급한 식물이에요. 정말이지 자라는 속도가 세상에서 가장 빠르답니다. 어떤 대나무는 하루에 1미터씩 자란다고 해요! 좀 이상하게 들릴 수도 있지만, 대나무는 풀의 일종이에요. 하지만 줄기는 나무 못지않게 단단하고 튼튼하지요. 대나무는 대부분 습기가 많은 숲이나 산에서 자라요.

대나무는 자이언트판다가 좋아하는 먹이로 유명해요. 하지만 강하고 가볍기 때문에 작물로 기르기도 하지요. 대나무는 수천 년 동안 악기부터 건물까지 무엇이든 만드는 재료로 쓰였어요. 대나무 섬유로는 그릇과 칫솔을 만들고, 섬유를 엮어 양말과 바지를 만들기도 해요!

모소대나무(맹종죽, 죽순대),
중국

양귀비 씨앗은 50년 동안 땅에 그대로 놓여 있다가도 자랄 수 있어요.

히말라야푸른양귀비
동아시아

양귀비,
북아프리카와
유럽, 아시아

불양귀비
북아프리카 남

알파인양귀비,
중유럽

양귀비

양귀비는 꽃밭을 온통 붉게 물들일 수 있어요. 양귀비가 뽐내는 밝고 바스락거리는 꽃잎은 풀밭에서 흔히 볼 수 있답니다. 하지만 모든 양귀비 꽃잎이 붉은색은 아니에요. 노란색에 파란색, 주황색, 보라색, 흰색 꽃잎도 있지요. 주머니 크기의 북극양귀비는 머나먼 북극에서도 자랄 수 있는 몇 안 되는 식물 중 하나예요. 북극양귀비의 샛노란 꽃잎은 하얀 얼음투성이 북극에 흩뿌려진 물감 같아요.

양귀비꽃이 지면 그 자리에 씨방이라는 자그마한 통 모양이 남아요. 그 안에서 씨앗들이 달가닥거려요. 씨앗은 바람에 실려 날아가고 땅에 흩어지지요. 씨앗은 환경이 꽃을 피우기 적당해질 때까지 기다릴 거예요. 흙을 팔 때 그 속의 씨앗도 같이 옮겨지고는 해요. 그래서 건물이 많은 곳이나 새로 생긴 도로에 양귀비꽃이 펴 있는 것이랍니다.

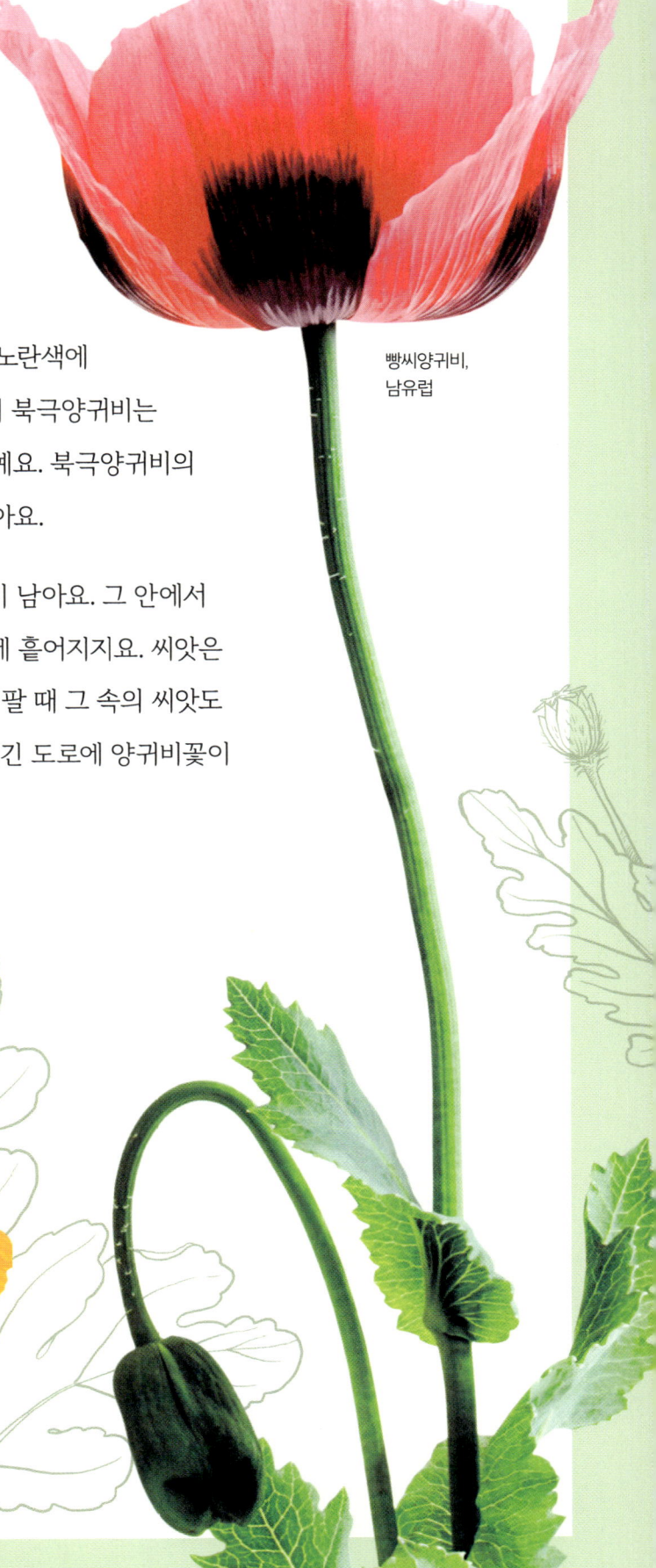

빵씨양귀비, 남유럽

웰시양귀비, 서유럽

북극양귀비 (두메양귀비), 북극

용왕꽃,
남아프리카

용왕꽃(프로테아)

용왕꽃은 안개에서 필요한 수분 대부분을 얻어요!

불꽃이 남아프리카의 관목을 타고 빠르게 퍼집니다. 용왕꽃이 사는 곳은 들불이 자주 발생해요. 용왕꽃은 불에 타지 않고 살아남을 수 있는 특별한 방법이 있답니다. 불을 막을 수 있는 통 속에 씨앗을 넣어 두는 거예요. 용왕꽃과 같은 프로테아는 꽃봉오리가 땅 속에 있어서 지상에서 일어나는 들불을 피하지요. 불로 경작지가 새까맣게 타들어 가고, 불이 꺼진 뒤에도 프로테아는 다시 자랄 수 있답니다.

프로테아는 남아프리카에서 주로 볼 수 있어요. 고대 그리스 시대 바다의 신 프로테우스에서 이름을 따왔지요. 프로테우스는 몸을 여러 가지 모습으로 바꿀 수 있었는데, 아름다운 프로테아도 모양과 색깔이 다양하답니다.

바위솔

사람들은 지붕 위에 바위솔을 심고는 했어요.
바위솔이 번개를 막아 준다고 믿었거든요!

대서양바위솔, 모로코

호랑이발톱바위솔, 유럽

거미줄바위솔, 유럽

바위솔, 북아프리카와 유럽, 서아시아

테네리페바위솔, 유럽

산바위솔, 유럽

바위솔은 돌나물과 식물이지만 먹지는 않아요. 그래도 집 주변에서 바위솔을 찾기란 어렵지 않지요. 아마 창틀 위 화분에 놓여 있거나 따스한 정원에서 바위솔을 본 적이 있을 거예요. 바위솔은 매우 튼튼하고 키우기 쉽기 때문에 사람들이 즐겨 기른답니다. 바위솔은 다육식물의 일종인데 이러한 식물은 두툼하고 말랑말랑한 잎이 자라요. 다육식물은 건조하고 돌투성이 땅에 살면서 잎에 물을 저장해요. 덕분에 물이 거의 필요하지 않지요!

바위솔은 번식 방법 때문에 '어미 닭과 병아리'라고 부르기도 해요. 기다란 줄기에서 작은 복제 식물을 만들어 퍼뜨리거든요. 가운데에 있는 부모 바위솔이 '어미 닭'이고 이제 막 생겨난 새끼 바위솔이 '병아리'가 되는 셈이지요.

아카시아

아야! 여기에 돋은 가시는 엄청나게 뾰족하고 바나나만큼이나 길어요. 가시들은 배고픈 동물들이 열매를 먹지 못하도록 보호하는 역할을 한답니다. 기린에게는 기다란 혀가 있어서 가시 주위를 넘나들 수 있어요. 하지만 어떤 아카시아 나무에게는 또 다른 방어 도구가 있지요. 이 나무의 두툼한 가시 안에는 개미가 살아요. 동물들이 나무를 먹으려고 하면 불이 잔뜩 난 개미와 맞닥뜨릴 거예요!

아카시아 나무에는 비밀 무기가 하나 더 있어요. 나무끼리 서로 이야기할 수 있다는 것! 어떤 아카시아 나무가 공격을 받으면, 화학 물질을 공중에 뿌려 근처에 있는 다른 나무에게 경고 신호를 보내요. 그러고 나서 재빨리 잎사귀에 쓴 맛이 나는 화학 물질을 뿜어내지요. 나뭇잎 맛은 너무나 고약해서 동물들이 얼씬도 하지 못해요.

기린은 혀와 입술이 아주 두꺼워서
아카시아 가시에 찔려도 끄떡없어요.

붉은아카시아,
아프리카와 서아시아

장미

활짝 핀 장미는 아름답기로 그 어떤 꽃도 이길 수 없을 거예요. 전 세계에 어디에서나 장미는 사랑과 아름다움 그 자체이지요. 고대 이집트와 로마에서는 향기 나는 장미수를 얻으려고 장미를 길렀어요. 오늘날 불가리아에서는 해마다 장미 축제가 열린답니다. 이곳에서는 장미를 길러 장미유를 만들어요. 장미유 1그램을 만드는 데 장미 꽃잎이 2,000개나 들어간대요. 장미유는 향수의 원료로 쓰이지요.

야생 장미는 순백색이나 분홍색이며, 대체로 기다란 줄기로 다른 식물 위를 타고 오르며 자라요. 뾰족하고 밖으로 돋친 가시를 나뭇가지에 고리처럼 걸어 떨어지지 않고 지탱할 수 있지요. 정원사들은 장미를 수천 가지나 만들었어요. 꽃잎이 풍부하게 들어찬 장미는 향기를 머금으며 자란답니다.

개장미, 북아프리카,
유럽, 서아시아

아몬드 그리고 사과와 체리,
배, 복숭아와 같은 과일들 모두
장미과의 친척이랍니다.

무화과

**무화과 뿌리는 땅속 물을 찾기 위해
그 어떤 나무보다도 깊이 들어갈 수 있어요.**

무화과 열매를 열어 보면 과즙 넘치는 과육이 빽빽이 들어차 있는 모습이 보일 거예요. 지금 들고 있는 무화과는 하나짜리가 아니에요. 같은 껍질 안에 수많은 과일이 들어 있는 거예요. 과육마다 각기 다른 꽃이 만든 씨앗이 있어요. 그래서 무화과를 가리켜 '복합 과일'이라고도 불러요. 파인애플도 같은 종이랍니다.

덜 익은 무화과 안에는 수많은 작은 꽃들이 어둠을 타고 무언가를 기다리고 있어요. 그게 무엇일까요? 길이가 고작 2밀리미터에 불과한 무화과말벌이지요. 무화과말벌은 꽃 속으로 비집고 들어가 안전하게 알을 낳아요. 말벌은 꽃 여기저기를 돌아다니며 꽃의 수분을 도와주어요. 새끼들 중 일부는 무화과가 익기 전에 떠나지만, 미처 나가지 못한 나머지 말벌은 무화과에 잡아먹히고 말아요!

무화과,
서아시아

쐐기풀

아야! 가시가 뾰족한 쐐기풀을 건드리면 피부가 벌게지고 따끔따끔해요. 왜 이리 아픈 걸까요? 여느 식물처럼 쐐기풀의 잎에는 즙이 많아요. 그래서 다른 동물들의 먹잇감이 되지 않게 막을 수 있는 무기가 필요하지요. 가시쐐기풀은 뾰족한 털로 뒤덮여 있어요. 누군가 쐐기풀의 털을 만지면, 털끝이 뚝 부러지지요. 부러진 끄트머리는 바늘처럼 뾰족해지는데 여기에서 통증과 가려움을 일으키는 화학 물질이 나와요.

뉴질랜드에는 어른보다 두 배나 더 큰 쐐기풀이 있어요. 찔리면 동물들이 목숨을 잃을 정도로 너무나 무시무시한 가시가 달려 있지요. 그런데 쐐기풀과 아주 비슷하게 생긴 잎이 달린 엉큼한 식물도 있답니다. 이러한 식물의 잎은 닿아도 괜찮지만, 그럼에도 동물들은 혹시 모르니 건드리지 않고 슬그머니 지나가지요!

쐐기풀은 다양한 애벌레들에게 먹이가 되어 주어요. 애벌레는 뾰족한 털을 피할 수 있답니다.

이주쐐기풀,
북아프리카와 유럽, 아시아

맹그로브

레드맹그로브,
전 세계 열대 지역

바다에서 자라는 나무가 있다고요? 물론 바다에 사는 나무는 흔치 않겠죠! 바닷물은 나무에 해롭지만, 맹그로브는 소금을 없앨 수 있는 특별한 비법이 있답니다. 뿌리로 물을 걸러서 '안전하게' 마시는 거예요. 이렇게 쓸모가 많은 뿌리는 나무 위 높은 곳에서부터 자라 물 밖으로 나와요. 맹그로브는 이 뿌리로 숨을 쉰답니다.

맹그로브는 전 세계 따뜻한 바닷가 중에서도 걸쭉하고 질척질척한 흙이 있는 곳을 좋아해요. 썰물이 되면 맹그로브는 마치 막대기에 발을 올리고 다니는 죽마를 타고 있는 것처럼 보이죠. 하지만 이 '죽마'는 사실 가지가 아니라 나무처럼 생긴 뿌리예요. 뿌리는 파도가 오고갈 때 나무가 휩쓸리지 않도록 지탱해 주는 역할을 한답니다.

새끼 상어와 수많은 물고기들은 맹그로브 숲을 안전한 보금자리로 삼아요. 덩치가 큰 포식자들은 창살 같은 맹그로브 뿌리 사이를 요리조리 빠져나갈 수 없으니까요.

시계꽃

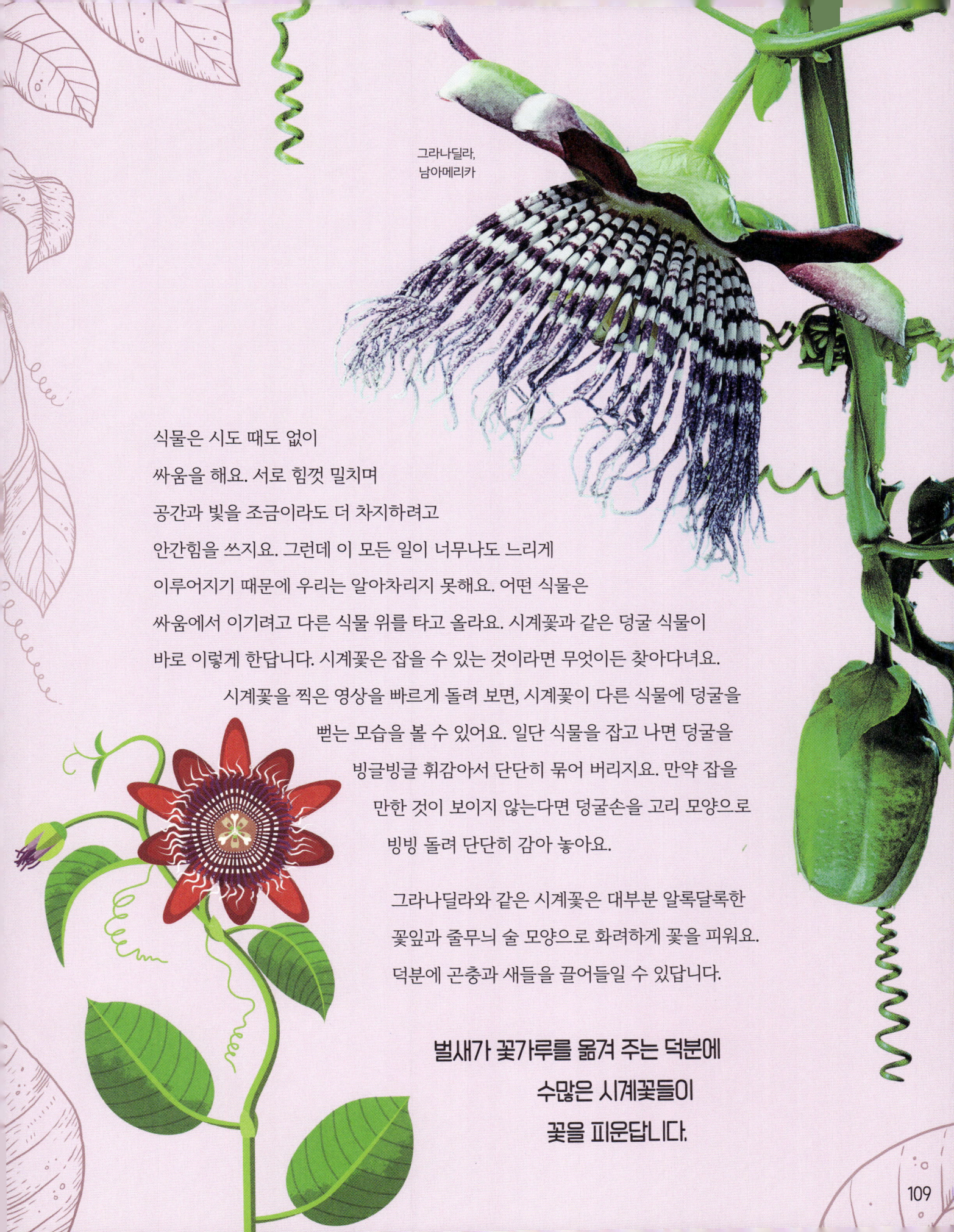

그라나딜라, 남아메리카

식물은 시도 때도 없이 싸움을 해요. 서로 힘껏 밀치며 공간과 빛을 조금이라도 더 차지하려고 안간힘을 쓰지요. 그런데 이 모든 일이 너무나도 느리게 이루어지기 때문에 우리는 알아차리지 못해요. 어떤 식물은 싸움에서 이기려고 다른 식물 위를 타고 올라요. 시계꽃과 같은 덩굴 식물이 바로 이렇게 한답니다. 시계꽃은 잡을 수 있는 것이라면 무엇이든 찾아다녀요.

시계꽃을 찍은 영상을 빠르게 돌려 보면, 시계꽃이 다른 식물에 덩굴을 뻗는 모습을 볼 수 있어요. 일단 식물을 잡고 나면 덩굴을 빙글빙글 휘감아서 단단히 묶어 버리지요. 만약 잡을 만한 것이 보이지 않는다면 덩굴손을 고리 모양으로 빙빙 돌려 단단히 감아 놓아요.

그라나딜라와 같은 시계꽃은 대부분 알록달록한 꽃잎과 줄무늬 술 모양으로 화려하게 꽃을 피워요. 덕분에 곤충과 새들을 끌어들일 수 있답니다.

벌새가 꽃가루를 옮겨 주는 덕분에 수많은 시계꽃들이 꽃을 피운답니다.

시체꽃 한 송이를 피우기까지는 최대 아홉 달이 걸리지만,
꽃이 펴 있는 기간은 단 며칠밖에 되지 않아요.

시체꽃(라플레시아)

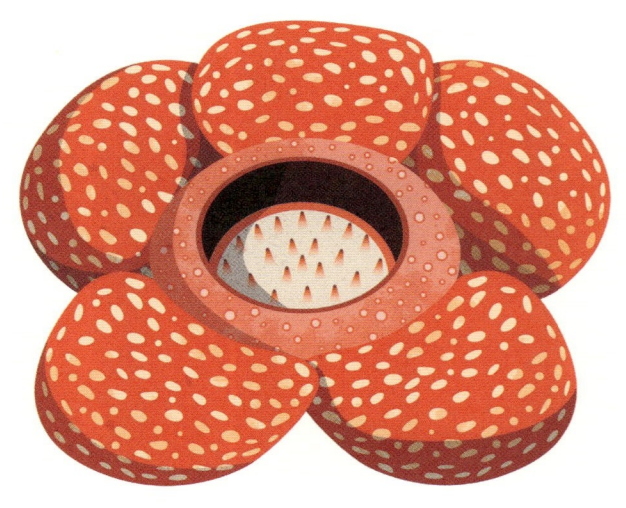

다행히 이 식물은 좀처럼 꽃을 피우지 않아요. 우리는 대개 꽃향기를 좋아하기 마련인데, 이번만큼은 아니에요! 가죽처럼 빳빳한 꽃잎이 다섯 장 달린 시체꽃이 활짝 피면, 엄청나게 고약한 냄새가 사방에 퍼진답니다. 시체꽃은 이 구역질나는 냄새로 작은 파리 떼를 끌어들여요. 그러면 파리가 냄새나는 꽃가루를 묻히고 다른 시체꽃으로 가지요. 꽃가루는 사람의 콧물 같아요. 으웩!

시체꽃은 열대 우림에 살며 지구에서 단일 꽃으로는 크기가 가장 커요. 지름이 최대 1미터까지 나가고 무게도 칠면조 한 마리와 맞먹는답니다. 시체꽃은 뿌리가 없고 대신 다른 열대 우림 식물 안에 기생하면서 영양분을 훔쳐 먹어요.

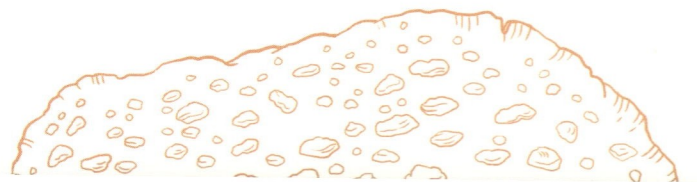

시체꽃,
동남아시아

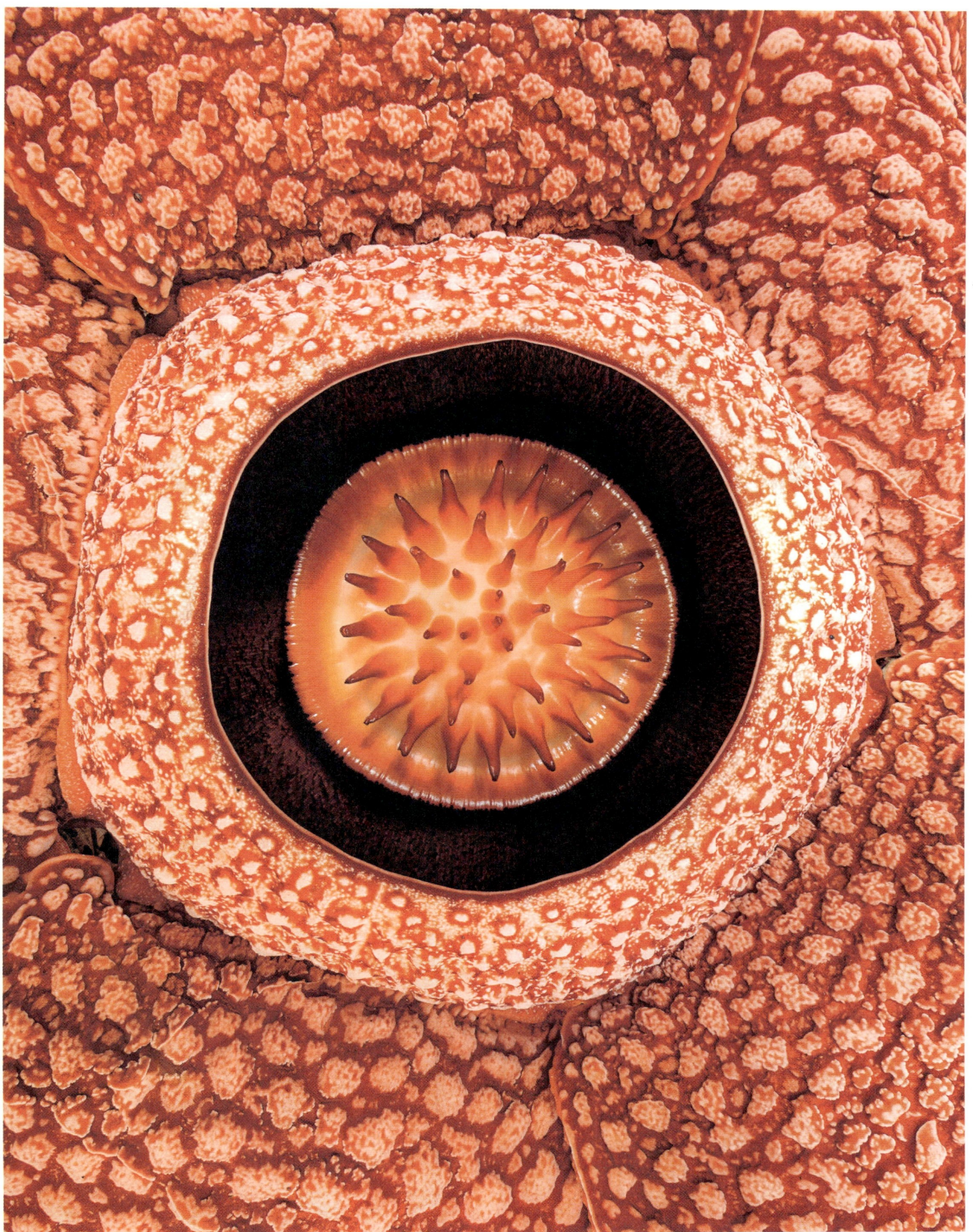

유칼립투스,
오스트레일리아

유칼립투스 (고무나무)

유칼립투스 나뭇잎은 많은 동물들에게 독이 될 수 있어요. 하지만 코알라는 유칼립투스 나뭇잎만 먹는답니다!

오스트레일리아는 엄청나게 거대한 섬이에요. 다른 곳에서 볼 수 없는 식물과 동물이 살지요. 유칼립투스는 오스트레일리아에서 흔히 볼 수 있어요. 잎은 길쭉하고 은빛인데 매우 질겨요. 잎에는 무척 강한 냄새를 풍기는 기름이 들어 있어 다른 동물들은 먹을 엄두를 내지 못해요. 기름이 공중에 퍼지기도 하는데, 햇빛을 받으면 파랗게 보일 때도 있어요. 나무 주위로 파란 안개처럼 퍼지는 유칼립투스 기름은 오스트레일리아 동부에 있는 블루마운틴을 뒤덮기도 해요. 산을 파랗게 만든다고 해서 '블루마운틴 Blue Mountain'이라는 이름이 지어졌어요.

유칼립투스는 알록달록한 꽃을 피워요. 그 모습이 여러 가닥으로 이루어진 북슬북슬한 술 같답니다. 꽃은 점차 컵 모양 열매로 변하는데 그 안에는 씨앗이 들어 있어요. 열매가 마르면 씨앗이 나오고 색도 녹색에서 갈색으로 변해요.

단풍나무

으음! 팬케이크에 단풍 시럽을 더하면 맛이 훨씬 좋아지지요. 캐나다와 미국 북부에서는 달콤한 시럽을 만들 수 있는 단풍나무가 자라요. 이른 봄 아직은 쌀쌀한 밤에, 나무 몸통 속으로 관을 밀어 넣어요. 그러면 금빛 액체가 흘러나옵니다. 이 수액을 끓이면 단풍 시럽이 되는 거예요. 캐나다는 단풍나무로 유명한데, 국기에도 단풍잎이 그려져 있을 정도랍니다.

가을에는 단풍나무에 낙엽이 져요. 낙엽이 지기 전에 나뭇잎의 색깔이 바뀌는데, 그러면 산은 온통 노랑이며 주황, 빨강으로 물든답니다. 이렇게 잎의 색깔이 바뀌는 신기한 현상은 당근의 주황색, 계란의 노른자, 체리의 붉은색과 같은 원리예요.

설탕단풍나무, 북아메리카

단풍나무의 씨앗 꼬투리를 '헬리콥터'라고도 불러요.
왜냐하면 헬리콥터처럼 빙글빙글 날개를 돌리며 하늘을 날거든요.

바오바브

그랑디디에바오바브의 꽃은 하얗고 커다랗지만 단 며칠밖에 피우지 않아요.

나무 기둥이 거대한 바오바브는 세상에서 가장 뚱뚱한 나무예요. 몸통 가운데에 줄자를 대어 보면 둘레가 약 50미터나 되는 것도 있답니다. 테니스코트 2개를 합치고 끝에서 끝까지 잰 길이와 비슷해요. 바오바브 중에는 나이가 수백 년이나 된 나무도 있어요. 바오바브는 비가 거의 내리지 않는 건기에 대비해 거대한 나무 몸통 속에 물을 저장해 놓아요. 날씨가 건조해지면 나뭇잎을 떨어뜨리고 거의 죽은 듯 지낸답니다.

많은 사람들이 바오바브를 가리켜 '거꾸로 나무'라고 부르기도 해요. 왜 그런지 알겠지요? 바오바브의 가지는 짧고 뿌리처럼 고불고불해요. 그 모습이 마치 거인이 나무를 뽑아 땅에 거꾸로 심은 것처럼 보인답니다.

그랑디디에바오바브, 마다가스카르

끈끈이주걱,
북아메리카, 유럽, 아시아

끈끈이주걱은 잠자리와
나비와 같은 커다란 곤충도
속여서 잡아먹어요.

끈끈이주걱

각다귀와 파리는 조심! 끈끈이주걱에게는 무시무시한 비밀이 숨어 있어요. 바로 고기 냄새가 난다는 것이지요. 잎사귀에 돋은 빨간 털은 퍽 예뻐 보이지만, 사실 덫이랍니다. 털마다 끝에 투명하고 찐득찐득한 액체가 한 방울씩 달려 있는데, 곤충이 그 위에 앉으면 이 끈끈이 풀에 잡혀서 옴짝달싹하지 못하게 된답니다. 가엾은 곤충은 몸부림칠수록 더 꼼짝도 할 수 없게 되고, 결국 죽고 말지요. 끈끈이주걱은 샌드위치를 만들 듯 곤충을 잎사귀 안에 넣고 돌돌 말고는 먹잇감으로 소화한답니다.

끈끈이주걱은 늪과 축축한 땅에서 자라요. 이런 곳에는 먹이가 많지 않지요. 그래서 이 육식 식물들은 곤충을 잡아먹는 식으로 필요한 영양을 공급받아요.

벌레잡이통풀

어떤 박쥐는
벌레잡이통풀 속에서
들어가 잠을 자요!

이름에서도 알 수 있듯이 벌레잡이통풀은 통속으로 벌레를 떨어뜨려 잡아먹는 식물이에요. 잎이 기다란 관처럼 생겼는데, 바닥에 액체가 들어 있답니다. 통 옆은 미끈미끈해요. 나방과 같은 곤충은 식물의 달콤한 꿀을 먹으려고 안으로 들어오다가 미끄러져 빠지고 말지요. 액체는 먹이를 녹이고도 남을 정도로 매우 강력해요. 우리 몸속 위에서 위액을 분비하듯이 말이지요. 가장 큰 벌레잡이통풀은 개구리나 쥐를 삼켜 버릴 정도로 커요. 뼈를 뺀 나머지를 몽땅 먹어 치운답니다!

나무두더지라 부르는 쥐처럼 생긴 동물은 꿀을 핥아 먹으러 벌레잡이통풀에 들어가요. 꿀을 다 먹은 다음에는 식물을 화장실로 쓴답니다! 벌레잡이통풀은 개의치 않아요. 왜냐하면 나무두더지의 똥은 또 다른 먹이가 되어 주거든요!

열대벌레잡이통풀, 동남아시아

회전초

댑싸리,
유럽과 아시아

여러분이 식물이라고 상상해 보세요. 어떻게 씨앗을 퍼뜨릴까요? 이 문제는 모든 식물들이 안고 있지만, 회전초에게는 깔끔하게 해결할 수 있는 방법이 있답니다. 회전초는 죽은 뒤 몸통을 둥글게 웅크리고 바싹 말라 버려요. 그다음에 씨앗이 가득 담긴 뾰족한 모양의 공이 되어 뿌리를 끊어 버리지요. 바람이 불면 둥글게 말린 회전초는 땅 위를 굴러다니고, 지나가는 곳마다 씨앗을 퍼뜨린답니다.

가장 알록달록한 회전초 중에 하나로 댑싸리가 있어요. 댑싸리는 가을에 초록색에서 밝은 분홍색으로 바뀌며 마치 불이 붙은 것 같은 광경을 자아내지요. 사실 더운 날씨에 메마른 회전초 더미는 화재 위험이 매우 높아요. 회전초가 쌓여서 불이 붙기 쉽거든요.

미국에서는 바람에 날린 회전초가 몇 겹씩 높이 쌓여 길을 막고 집을 통째로 묻어 버리기도 해요.

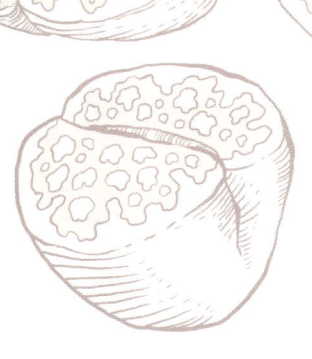

리톱스는 스스로 자외선 차단제를 만들기 때문에
사막의 태양열에도 탈 염려가 없어요.

리톱스

바위 틈새로 꽃이 피어난다고요? 리톱스는 사막에서 자라요. 둥그런 잎을 보면 조약돌로 착각하기 십상이지요. 그만큼 이 식물은 진짜 돌멩이들 사이에서 잘 눈에 띄지 않아요. 그래서 거북과 타조와 같이 사막에 사는 동물들은 먹을거리인지도 모르고 그냥 지나쳐 버리고는 하지요. 리톱스는 비가 내린 뒤, 데이지와 비슷한 꽃을 한 송이 피웠을 때만 유일하게 알아볼 수 있어요.

리톱스는 두툼한 잎사귀 한 쌍에 물을 저장해요. 그런데 우리 눈에는 잎 끄트머리밖에 보이지 않아요. 나머지는 땅속에 묻혀 있지요. 햇빛을 받아 양분을 만들어야 하기 때문에 잎 맨 위쪽에는 햇빛을 받아들일 수 있는 '창'이 있어요. 잎의 이 부분은 투명해서 속이 보인답니다.

카라스산리톱스,
남아프리카

선인장

여러분은 실수로라도 선인장을 건드리고 싶지 않을 거예요. 사막에 사는 선인장에는 뾰족한 가시가 촘촘하고 나란히 돋아 있거든요. 선인장은 스펀지 같은 줄기 속에 저장해 놓은 물을 목마른 동물들이 먹지 못하도록, 뾰족뾰족한 가시로 보호한답니다. 가시는 사실 특별하게 발달한 잎이에요. 잎이 크고 평평하면 뜨거운 햇살에 물이 마르기 쉽지요. 선인장의 표면에는 잔주름이 많아 그늘을 만들어 주고 열기를 식힐 수 있답니다.

멕시코와 미국의 사막에는 세계에서 가장 커다란 선인장 종인 사와로선인장이 있어요. 많은 동물들이 사와로선인장을 찾으러 오지요. 박쥐는 밤에 먹이를 구하러 선인장 꽃으로 와요. 딱따구리는 선인장에 구멍을 뚫어 둥지를 만들고요. 딱따구리가 다른 곳으로 보금자리를 옮기면 엘프올빼미가 그 안에 들어와 산답니다.

사와로 선인장은 최대 15미터까지 자랄 수 있어요. 무게도 소형 자동차와 맞먹을 정도이지요.

사와로선인장, 북아메리카 남부 및 중앙아메리카

나도수정초, 북아메리카와
중앙아메리카, 아시아

나도수정초의 꽃을
꺾고 싶어도 참으시길.
꽃을 꺾으면 금세
까맣게 변해
버린답니다.

나도수정초
(수정난풀)

그늘진 숲의 나무 아래, 낙엽 사이를 살펴보면 이 은백색 식물을 찾을 수 있어요. 나도수정초는 종이처럼 하얗고 양초처럼 매끈하답니다. 안이 훤히 보일 정도로요! 나도수정초의 줄기는 각각 30센티미터까지 자랄 수 있고 유령처럼 오싹한 느낌의 꽃을 한 송이 피워요.

식물 대부분은 태양에서 에너지를 얻고 탄수화물을 만들어 영양분으로 활용해요. 이러한 과정을 광합성이라 부르지요. 그리고 식물은 이렇게 광합성을 하며 몸통이 초록색이 된답니다. 하지만 나도수정초는 햇빛이 필요 없어요. 그러면 어떻게 영양을 얻을까요? 땅속에 사는 살아 있는 균류에게서 영양분을 빨아들인답니다.

해바라기

줄무늬가 있는 해바라기 씨앗은 조그맣지만, 여기에서 거대한 식물이 자란답니다. 해바라기는 하늘을 향해 치솟듯이 자라는데, 겨우 두어 달 만에 어른 다섯 명이 어깨 위로 올라간 높이만큼 자랄 수 있어요! 커다랗고 어두운 해바라기의 중심부 주위로는 황금빛 꽃잎이 달려 있어요. 중심부에는 작은 꽃이 뭉텅이로 피어나지요. 나중에 이 작은 꽃들은 씨앗이 된답니다.

해바라기는 미국과 멕시코의 초원에서 야생으로 자라요. 야생에서 자라는 해바라기는 정원에서 키우는 해바라기보다 더 짧고 꽃의 크기도 작아요. 수천 년 전, 아메리카 원주민들이 해바라기 씨앗을 가져와 농장에서 기르기 시작했어요. 해바라기 씨앗은 맛도 좋고, 찧어 요리용 기름으로 쓸 수 있답니다. 오늘날에는 정원사들이 해바라기를 가장 커다란 꽃을 피우는 가장 큰 식물로 개량했어요.

해바라기의 꽃봉오리는 하루 종일 태양을 향해요. 꽃을 활짝 피우고 나서 꽃의 방향을 동쪽으로 바꾸지요.

해바라기, 북아메리카와 중앙아메리카, 남아메리카

서양민들레,
유럽과 아시아

민들레

민들레 한 송이에는
보송보송한 씨앗이
100~150개 들어 있어요.

정원을 가꾸는 사람들에게 민들레는 잡초일 뿐이지만, 곤충에게는 별미랍니다. 민들레는 나비와 벌, 여러 곤충들이 무척이나 좋아하는 꿀을 만들어요. 그래서 우리는 민들레를 뿌리 채 뽑아 버리기 전에 한 번 더 생각할 필요가 있어요. 초록 풀밭에 작은 태양처럼 빛나는 이 노란 꽃을 말이죠.

민들레꽃은 지고 나서 그 자리에 하얀 솜뭉치 같은 홀씨를 만들어요. 씨앗은 저마다 자그마한 낙하산이 되지요. 바람이 불면 가벼운 씨앗은 바람에 실려 날아가다가 새로운 민들레로 자랄 수 있는 땅 위로 떨어져요. 어떤 사람들은 민들레 홀씨로 내기를 해요. 홀씨를 몇 번 불어야 모두 날아가는지 세는 거예요. 이걸로 시간을 가늠해서, '민들레 시계'라고도 부른답니다.

에린기움
(씨홀리)

에린기움은 땅속에 묻힌
통통한 뿌리에
신선한 물을 저장해요.

에린기움은 바닷가 모래밭에서 볼 수 있어요. 대개 모래 언덕에서 사는데, 바람을 피해 멀리 옮겨 온 것 같아요. 에린기움은 잎이 파랗고 보라색 꽃을 피우기 때문에 눈에 띄지 않을 수가 없어요. 바닷가 식물로 사는 일은 쉽지 않답니다. 소금기가 있는 공기는 잎에 좋지 않아요. 잎을 쉽게 말라 버릴 수 있거든요. 에린기움은 물을 저장할 수 있는 강인하고 매끈한 잎이 있답니다.

에린기움의 잎은 끝이 삐죽빼죽해서 동물들이 씹어 먹기 쉽지 않아요. 특히 꽃은 단단한 공 모양으로 뭉쳐서 피우지요. 잎이며 꽃 모두 날카롭고 뾰족해서 호랑가시나무가 떠올라요. 하지만 에린기움이 어떤 식물에 속하는지 알면 무척 놀랄걸요. 바로 당근과 식물이랍니다!

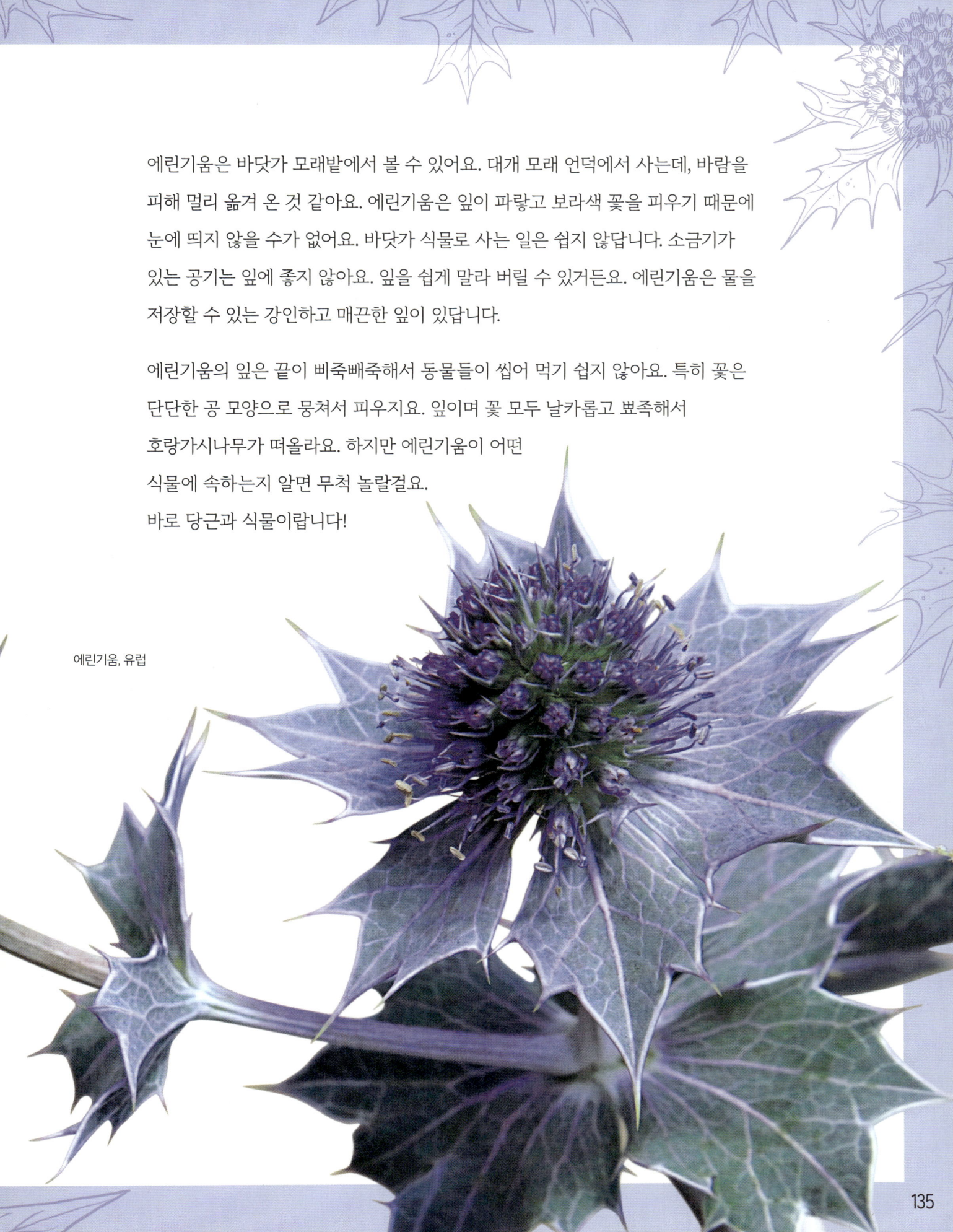

에린기움, 유럽

조류

깃털이 보이나요? 그렇다면 여러분은 새를 보고 있는 거예요. 조류는 깃털뿐만 아니라 부리도 있고, 딱딱한 껍데기가 있는 알을 낳아요. 조류는 대부분 날 수 있지만, 몇몇 새들은 날 수 있는 힘이 사라져서 걷거나 뛰어요.

포유류

털이 있다면 포유류라 할 수 있어요. 바다 포유류 중에는 몸이 매끈한 것도 있으나 이들도 털이 몇 가닥은 있답니다. 암컷 포유류는 모두 새끼에게 젖을 먹여요. 대개 새끼를 낳지만, 알을 낳는 희귀한 포유류도 있어요.

파충류

딱딱한 비늘이 있다면 여러분은 파충류를 보고 있는 거예요. 파충류는 대부분 알을 낳지만, 일부는 부모와 꼭 닮은 새끼를 낳기도 해요. 파충류는 스스로 열을 낼 수 없기 때문에 햇볕을 받아 몸을 따스하게 유지해야 해요.

어류

어류는 아가미로 숨을 쉬어요. 모두 민물과 바닷물 등 물속에서 살지요. 민물과 바닷물을 넘나들며 사는 경우는 많지 않아요. 상어와 가오리의 피부는 거칠지만 다른 어류는 대부분 미끌미끌한 비늘이 있고 촉감이 매끈하답니다.

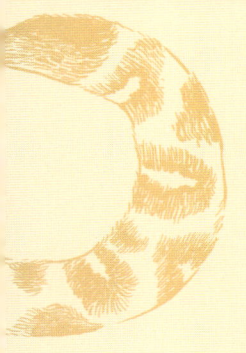

동물

지구의 생명은 7개의 계로 나누는데, 그중에 하나가 동물이에요. 동물의 종류는 수백만 가지 넘게 알려져 있지만, 아직 발견하지 못한 동물이 여전히 많답니다. 동물들은 스스로 먹이를 만들지 못하기 때문에 다른 형태의 생명체를 통해 영양을 섭취해야 해요. 이 생명체는 식물과 동물 모두가 될 수 있고, 죽거나 살아 있는 상태도 다 해당돼요. 동물은 공중에서, 물속에서, 땅 위에서, 흙에서 살기도 하고, 식물과 심지어 다른 생명체에 의존해서 살기도 해요. 이번 장에서는 단순한 무척추동물부터 시작해서 털이 복슬복슬하고 네 발 달린 복잡한 포유류까지 다루어 볼 거예요.

양서류

양서류의 피부는 말랑말랑하고 미끈거려요. 그래서 만지면 축축하지요. 양서류는 대부분 민물에서 알을 낳고 다 자랐을 때 몸의 형태가 완전히 바뀌어요. 이러한 성체는 민물이나 축축한 서식지에서 살아요.

무척추동물

등뼈나 척추가 없는 동물이라면 당연히 무척추동물이에요. 무척추동물은 지렁이와 곤충, 달팽이, 거미, 게, 산호 등 종류가 무척이나 다양해요. 지구 어디에서나 무척추동물을 만날 수 있답니다.

137

아주르꽃병해면,
바하마 제도

해면

바다 밑바닥, 바위와 가라앉은 배 틈에서 언뜻 이상한 식물이 자라고 있다 여길지 몰라요. 어떤 것은 관 모양을 띠기도 하고, 올록볼록한 비닐 포장지나 손가락 또는 젤리처럼 생긴 것도 있어요. 이들은 사실 모두 해면이라는 아주 단순한 동물이랍니다. 해면은 주변 바다에 둥둥 떠다니는 플랑크톤을 걸러서 먹어요. 그래서 몸에 구멍이 아주 많지요. 몸속으로 물을 빨아들인 뒤, 플랑크톤만 먹고 물은 다시 밖으로 내보내지요. 구멍은 해면이 액체를 빨아들이기에 안성맞춤이에요. 어떤 해면은 말려서 설거지 수세미나 목욕할 때 쓸 수 있답니다!

유리해면과 같은 일부 해면은 남극 얼음 아래 차가운 바다에서 1만 년 동안 살았을 수도 있어요. 이들은 지구에서 가장 나이가 많은 생물 중 하나랍니다.

해면은 무지개를 구성하는 모든 색을 띨 수 있어요. 어떤 해면은 네온사인처럼 반짝반짝 빛난답니다!

토치산호,
인도양과 태평양

산호

여기에 보이는 알록달록한 것은 물속에 사는 꽃이라 여기기 쉽지만, 사실 아니에요. 파란 꽃잎 같은 것은 산호충이라는 아주 작은 동물의 일부랍니다. 몸이 말랑말랑한 산호충은 스스로 단단한 골격을 만들어요. 수많은 세월에 걸쳐 천천히 골격이 자라고 서로 연결되면 산호초가 되지요. 밤이 되면 산호충은 새 생명을 얻은 듯 활발하게 움직이기 시작해요. 동물을 쏠 수 있는 촉수를 펼쳐서 미생물을 잡고는 가운데 입 속으로 쏙 넣지요.

색깔이 다양하고 화려한 산호초는 물고기들에게 더할 나위 없이 좋은 보금자리가 되어 준답니다. 불가사리와 해면, 문어, 뱀장어, 게 등 수많은 바다 생물들을 산호초에서 만날 수 있어요.

오스트레일리아의 '그레이트배리어리프Great Barrier Reef'는 산호초가 우주에서도 보일 만큼 크답니다.

고깔해파리, 전 세계 열대 바다

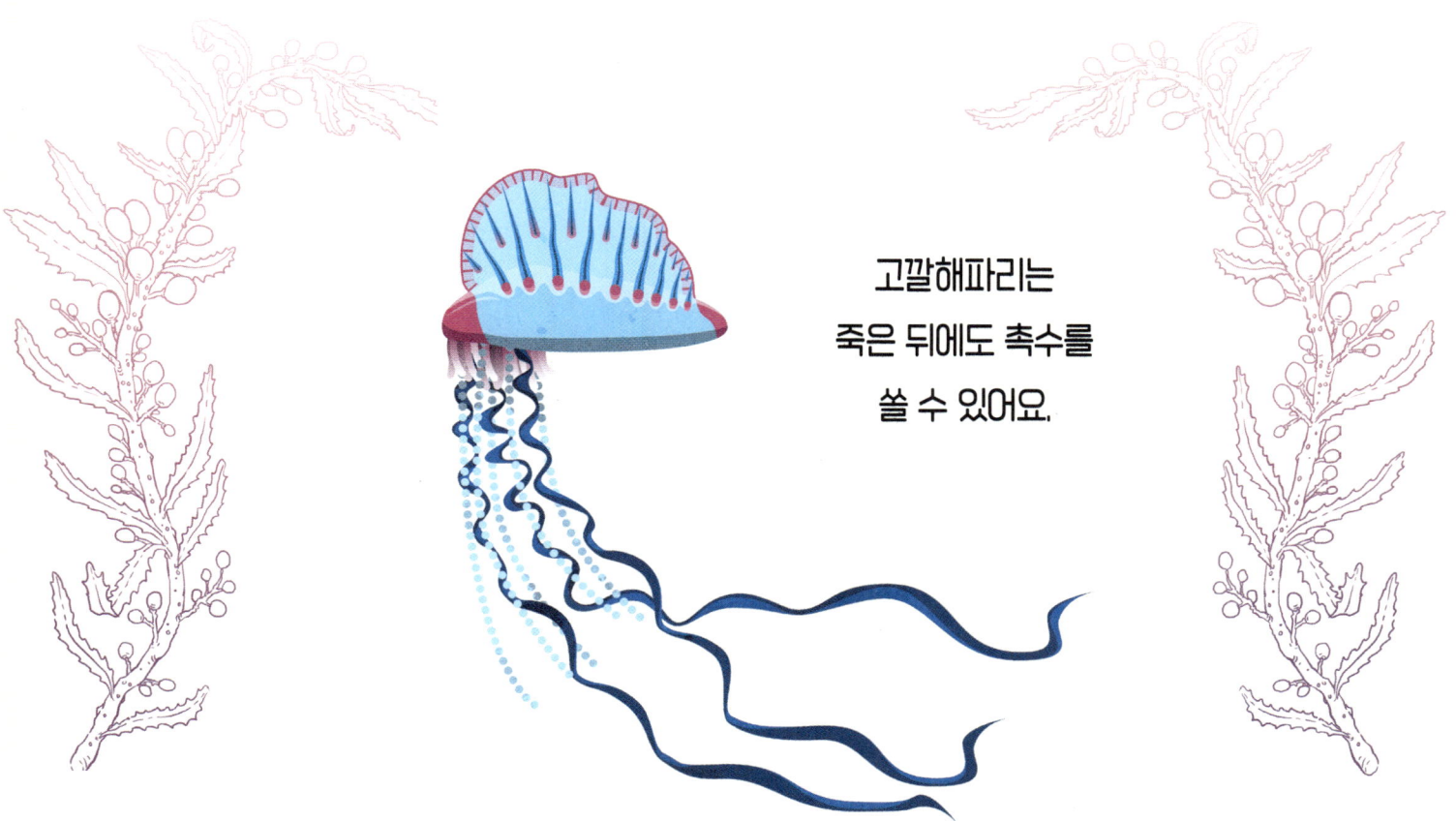

고깔해파리는 죽은 뒤에도 촉수를 쏠 수 있어요.

고깔해파리

만지지 말아요! 얼핏 보면 밝은 구슬을 꿰어 놓은 것 같지만, 동물을 쏘는 촉수랍니다. 이 촉수는 고깔해파리의 것이에요. 고깔해파리의 촉수는 최대 10미터까지 자랄 수 있고 목숨을 앗아갈 정도로 매우 강력한 독이 있어요. 고깔해파리는 이름을 미루어 보아 커다란 해파리라고 생각하기 쉽지만, 사실 관해파리라 부르는 다른 종류의 해양 생명체예요. 관해파리는 수많은 동물이 모여 군집을 이루고 같은 몸을 나누어 써요. 개체들은 저마다 다른 역할을 맡지요. 어떤 개체는 먹잇감을 잡고, 다른 개체는 먹이를 소화해요. 또 어떤 개체는 몸이 둥둥 뜨게 하는 일을 하지요. 모두 서로 힘을 합쳐 활동하지만 뇌가 있는 개체는 하나도 없어요. 이들은 바람과 파도가 데려다주는 대로 물 위를 둥둥 떠다닌답니다.

편형충(납작벌레)

호랑무늬납작벌레,
인도양과 태평양

편형충은 동시에 암컷과 수컷이 모두 될 수 있어요.

따듯한 바닷속을 유유히 나풀거리는 호랑무늬납작벌레는 관처럼 생긴 멍게를 사냥해서 잡아먹어요. 편형충은 대개 민물이나 바다에서 살지만, 열대 우림의 축축한 땅 위로 기어오르기도 한답니다. 어떤 편형충은 더 큰 동물 속에 기생하며 살아요. 섬세한 피부는 밝은색을 띠는데, 안이 보일 정도로 피부가 투명한 편형충도 있어요.

편형충은 단순한 동물이라서 심장이나 폐, 피, 눈이 없어요. 심지어 입도 없는데, 얇은 몸통에 먹이를 먹고 배설하는 구멍이 하나 있을 뿐이랍니다. 하지만 어떤 편형충은 놀라운 생존 기술을 자랑해요. 편형충을 잘게 자르면, 잘린 개체 하나하나가 다시 새로운 편형충으로 자라지요!

지렁이

바다의 어떤 곳에서는 하루하루가 크리스마스 같아요. 여기 바다 밑바닥은 크리스마스트리가 모여 작은 숲을 이루고 있는 것 같군요. 하지만 사실 이들은 알록달록한 지렁이들이랍니다! 크리스마스트리의 가지 모양은 털 달린 촉수가 모인 것이에요. 지렁이는 이 촉수를 덫으로 이용하여 지나가는 먹이를 잡아요.

지금 보이는 크리스마스트리웜은 환형동물이라는 동물 중 일부예요. 이 동물은 몸통이 말랑말랑하고 단면이 여러 개로 나뉘어 있지요. 환형동물은 어디에서나 살아요. 남극의 얼음 바다 아래에서도, 깊은 바닷속 용암이 끓어오르는 화산 분화구에서도 살지요. 한편, 지구의 흙 속에는 지렁이가 수조 마리나 꿈틀거리며 산답니다.

**지렁이는 압력이 높을 때 몸속을 물로 가득 채워요.
타이어에 공기를 가득 채우는 원리와 같지요.**

크리스마스트리웜,
전 세계 열대 바다

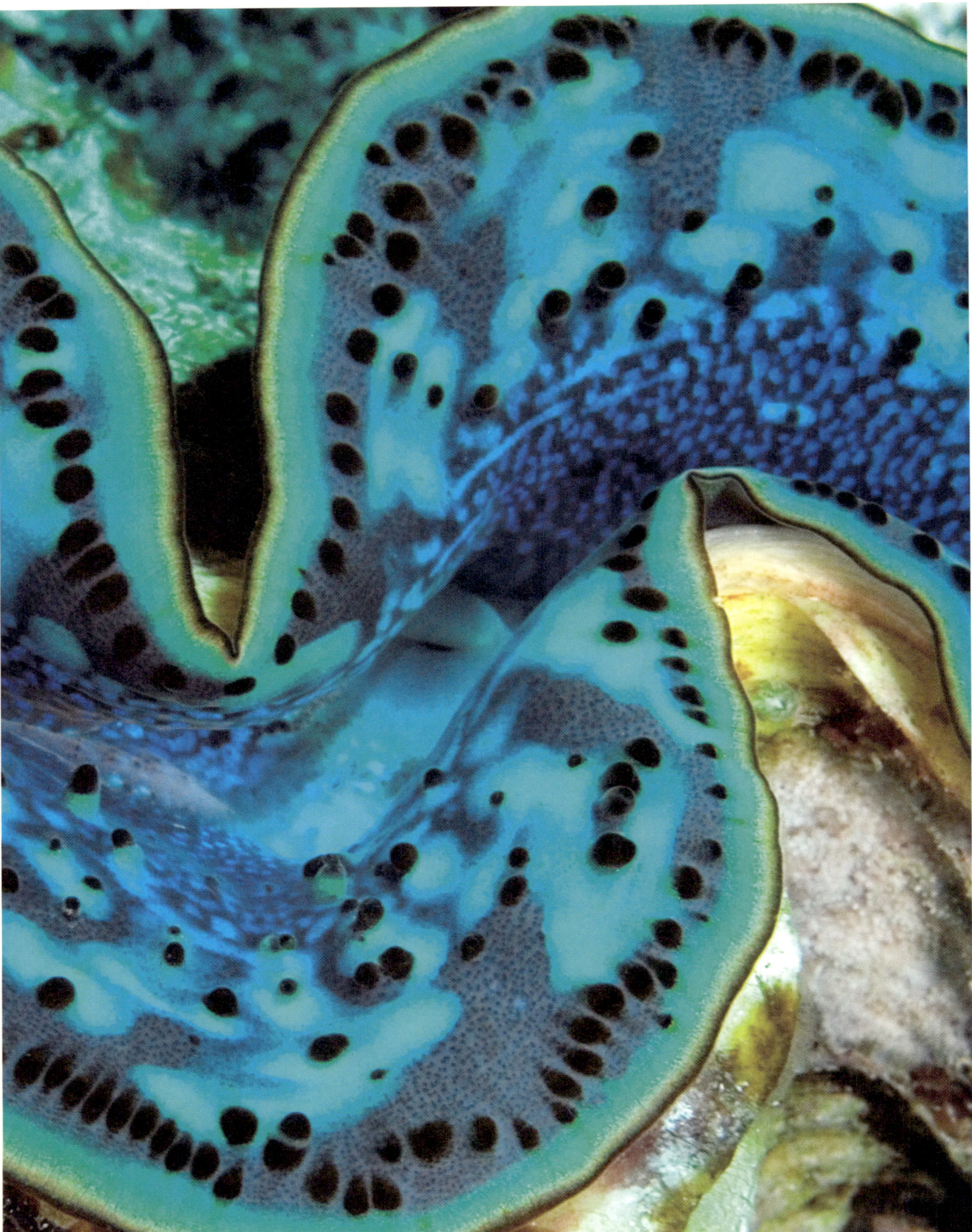

작은대왕조개,
인도양과 태평양

대왕조개

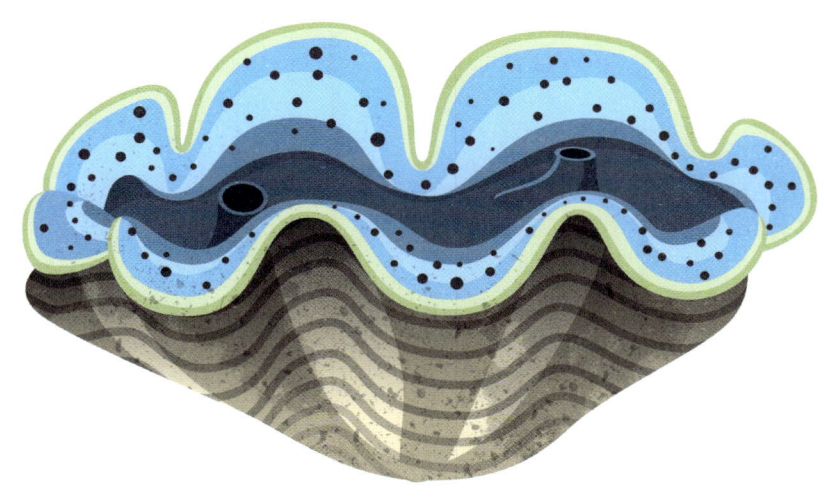

산호초의 바위틈이나 동굴 사이를 살펴보면 파랗고 거대한 입이 눈에 들어올지도 몰라요. 바로 작은대왕조개의 입이랍니다. 이 거대한 연체동물은 길이가 40센티미터에 이르지만 세계에서 가장 큰 조개류인 대왕조개에 비하면 아담하다고 볼 수 있어요. 대왕조개는 같은 연체동물에 속하는 달팽이보다 체중이 1만 배는 더 나갈 수 있답니다!

대왕조개는 홍합과 가리비, 굴과 친척 관계이고, 두 개의 딱딱한 껍데기가 맞물려 있어요. 주름진 입은 낮에 하품을 하듯 쩍 벌려 놓고 입 안으로 햇빛을 따라 조류가 들어오도록 하지요. 바닷속 조류는 햇빛을 이용해 영양분을 만드는데, 조개는 이러한 먹이를 먹어요.

**대왕조개의 물결 모양 입에는
눈이 수백 개나 있어요.**

달팽이

달팽이의 뇌는 하나가 아니에요.
작은 뇌가 여러 개 있어요.

그림달팽이, 쿠바 동부

우리가 흔히 볼 수 있는 달팽이는 이 책을 건너는 데 대략 3분 정도 걸릴 거예요. 연체동물의 일종인 달팽이는 등에 집을 지고 다닌답니다. 위험이 닥치면 소용돌이 모양 껍데기 속으로 쏙 숨어요. 세계에서 가장 큰 달팽이로는 아프리카왕달팽이가 있는데, 몸집이 기니피그 한 마리와 비슷해요. 하지만 세상에서 가장 알록달록한 달팽이라면 그림달팽이를 꼽을 수 있지요.

달팽이는 질척질척한 '발'로 여기저기 다녀요. 그런데 '배발'이라고도 불리는 이것은 사실 거대한 근육이랍니다. 달팽이는 근육을 물결치듯 움직이며 몸을 앞으로 밀어요. 달팽이는 에너지의 3분의 1을 점액을 만드는 데 씁니다. 점액은 달팽이가 앞으로 부드럽게 움직일 수 있도록 도와주지요. 달팽이가 지나갈 때마다 점액이 발자국처럼 뒤에 남는답니다.

앵무조개

바닷속을 쌩 하니 가로지르는 줄무늬 물체를 보면 깜짝 놀랄지도 몰라요.
앵무조개는 문어와 먼 친척 관계의 동물이에요. 하지만 문어와 달리 아주 예쁜
껍데기 안에 살지요. 껍데기 밖으로는 스파게티 면처럼 생긴 촉수 90여 개를 쑥
내밀어서 새우와 게와 같은 맛난 먹이를 잡아요. 앵무조개는 에너지를 매우
천천히 쓰기 때문에, 한 달에 한 번만 먹어도 충분하답니다.

앵무조개는 껍데기 속의 빈 공간에 가스와 물을 넣었다
뺐다 하면서 물 위로 떠올랐다, 가라앉았다 하지요.
마치 잠수함처럼요. 입 근처에 있는 특수한 관을 앞뒤로
서서히 움직이며 물을 찍 뿜어서 이동하지요.
보통 껍데기가 있는 뒤쪽으로 먼저 움직이기 때문에
앵무조개는 자신이 어디로 향해 가는지 모른답니다!

앵무조개,
인도양, 태평양

앵무조개의 영어 이름인 '노틸러스 nautilus'는
고대 그리스어로 '선원'이라는 뜻이에요.

타란튤라

타란튤라는 크기가 어마어마한 거미예요. 세계에서 가장 큰 타란튤라는 대형 접시 하나를 덮고도 남을 정도랍니다! 다른 거미와 달리 거미줄을 쳐서 먹이를 잡지 않고 커다란 곤충과 개구리, 쥐를 사냥해요. 털이 북슬북슬한 다리 여덟 개에는 민감한 감각 기관이 있어서 먹잇감이 내는 미세한 진동도 느낄 수 있어요.

코발트블루타란튤라, 동남아시아

타란튤라라는 이름은 타란토라는 이탈리아의 한 마을에서 따왔어요. 이곳에 사는 사람들은 독거미에게 물렸을 때 빠르게 춤을 춰야지만 살아남을 수 있다고 믿었죠. 이 춤을 타란텔라라 불렀어요. 사실 타란튤라는 대부분 인간에게 해를 끼치지 않아요. 위험한 방법으로 자신을 방어하는 경우도 있기는 하지만요. 뒷다리에서 엄청나게 가려움을 일으키는 털을 털어 내어 자신을 공격하는 이의 얼굴에 마구 뿌려요. 그러면 포식자의 눈과 얼굴에 고통스러운 자극을 일으킨답니다.

호박벌노래기,
카리브 해

노래기는 초식 동물이에요.
죽거나 썩은 식물만 먹지요.

노래기

약 4억 2000만 년 전, 노래기는 처음으로 바다를 떠나 육지를 걸어 다니는 동물 중 하나가 되었어요. 바닥을 꼬물꼬물 기어 다니는 노래기는 아침에 옷을 갖춰 입을 필요가 없어서 얼마나 다행인지 몰라요. 그 어떤 동물보다도 다리가 많거든요. 가장 많은 기록은 375쌍이지만 보통은 50쌍에서 100쌍 정도 있어요.

노래기의 몸에는 관절이 많아서 지렁이처럼 몸을 구부려서 다닐 수 있어요. 몸을 둥글게 말아서 외부의 공격을 막을 수도 있지요. 어떤 노래기는 끔찍한 냄새를 내뿜어서 포식자를 내쫓기도 해요. 또 어떤 노래기는 구운 아몬드와 비슷한 냄새를 풍기는데, 독성이 매우 강해서 새를 죽이거나 사람의 피부에 화상을 입힐 수 있어요.

물고기처럼 바닷가재도
아가미로 숨을 쉬어요.
그런데 바닷가재의 아가미는
껍데기 안에 숨어 있답니다.

바닷가재

바닷가재에 이렇게 털이 많다는 사실을 알면 무척이나 놀랄 거예요. 암초가재는 짧고 뻣뻣한 털로 뒤덮여 있는데 무언가를 만질 때 털로 감지해요. 여러분의 팔에 난 털과 같지요. 바닷가재는 밤에 먹잇감을 찾으러 나와요. 머리에 있는 감각 기관으로 냄새를 맡지요. 냄새만으로 물고기와 지렁이를 구분할 수 있답니다!

바닷가재는 대부분 커다란 집게발이 한 쌍 있어요. 하지만 모두가 그렇지는 않아요. 어떤 가재들은 껍데기를 부술 때 쓰는 강력한 집게발 하나와, 자를 때 사용하는 날카로운 집게발이 하나 있어요. 하지만 수컷 가재들은 싸울 때 집게발을 쓰지 않아요. 눈 아래에서 나오는 오줌을 서로에게 뿌린답니다. 얼른 피해야겠군요!

붉은암초가재,
인도양과 태평양

호박벌(뒤영벌)

호박벌의 날개 근육은 엄청나게 많이 활동해요.
그래서 체온이 다른 때보다 최대 섭씨 15도까지
더 올라갈 때도 있답니다.

어리황뒤영벌, 북아프리카와
유럽, 서아시아

최초의 호박벌은 히말라야 산맥 같은 고도가 높은 곳에서 살았어요. 그곳은 공기가 매우 차갑기 때문에 호박벌은 아늑한 털이 자라도록 진화했지요. 호박벌의 털은 체온을 따스하게 유지하는 데 매우 유리한데, 엄청나게 추운 남극에서도 살 수 있을 정도랍니다. 호박벌은 놀라울 정도로 활발한 곤충이에요. 그래서 하루에 꽃을 수천 송이나 찾아갈 수 있답니다. 여기저기에 핀 꽃 사이를 누비는 동안, 호박벌은 빠르게 날갯짓을 해서 흔히 알려진 윙 소리를 내요. 그래서 그 소리로 호박벌이 가까이 있다는 사실을 알 수 있지요.

호박벌은 윙윙거리며 꽃을 찾아가서는 몸을 털어요. 그러면 몸의 복슬복슬한 털에 꽃가루가 떨어지지요. 벌은 꽃가루를 특수한 주머니가 달린 자신의 뒷다리에 쓸어 넣어요. 그리고 둥지로 가져가 애벌레에게 먹인답니다.

붉은성게, 태평양

성게는 눈이 없지만 빛을 감지할 수 있어요.
온몸을 이용해 빛을 본답니다!

성게

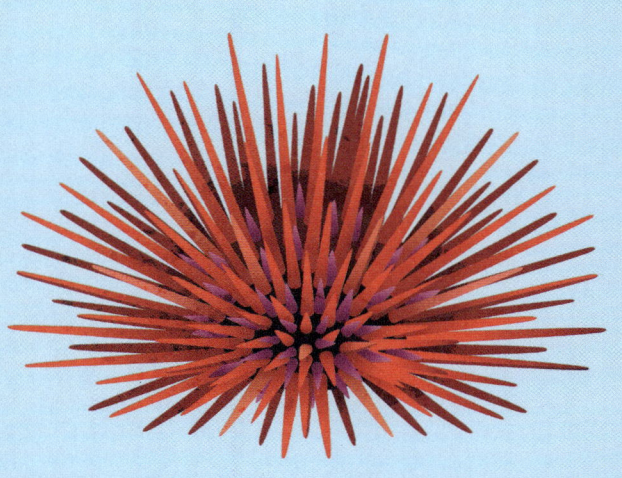

성게는 바다의 고슴도치예요. 뾰족한 가시가 있는 껍데기 덕분에 해달과 같은 배고픈 포식자들이 얼씬도 못하게 할 수 있지요. 성게는 빨대처럼 생긴 수많은 발을 꿈틀꿈틀거리며 바다 밑바닥에서 아주 조금씩 움직여요. 발마다 빨판이 있어서 앞으로 끌고 갈 수 있지요. 어떤 성게는 좀 더 빨리 움직이려고 게를 택시처럼 이용해요. 게의 등 위에 공짜로 올라타 왔다 갔다 하지요. 대신 게에게는 가시로 무장한 경호원이 생긴 셈이에요.

성게를 뒤집어 보면 둥근 입이 보일 거예요. 성게는 해초에서 해면까지 지나가는 것은 무엇이든 닥치는 대로 우적우적 먹어요. 군집을 이루어 바다 밑바닥의 생명을 모조리 먹어치우고는, 바위와 모래만 남길 때도 있답니다.

고래상어의 피부는 그 어떤 동물보다도 두꺼워요.
두께가 최대 10센티까지 되는 것도 있답니다.

고래상어

깊은 바다 저 멀리, 거대한 입이 보이네요. 너비가 1.5미터나 되어 사람 한 명이 안으로 거뜬히 들어갈 수 있을 정도예요. 고래상어의 입이랍니다. 몸집이 어마어마하지만 성질은 온순하지요. 고래상어의 커다란 입속에는 이빨이 3,000개나 있지만, 크기가 매우 작고 먹이를 물 때 쓰이지 않아요. 고래상어는 성질이 포악한 육식 동물인 다른 상어 사촌들과 달리, 물을 어마어마하게 빨아들인 뒤 조류와 새우, 물고기 등을 걸러내어 먹어요.

이 점박이 상어는 입만 큰 것이 아니에요. 지구에서 가장 큰 물고기이기도 해요. 버스 두 대를 합친 것보다 더 크게 자라고, 무게도 완전히 다 자란 코끼리 두 마리와 맞먹는답니다!

고래상어,
전 세계

돌고래는 가시복을 괴롭혀서 몸을 부풀리게 해요.
재미로 가지고 논다고 보고 있어요.

가시복

잠깐만요, 그냥 작고 평범한 물고기처럼 보이는데요. 그런데 슈우우우! 뾰족한 가시가 달린 물놀이 공이 되었어요. 가시복은 위험을 느낄 때 물을 벌컥벌컥 마시고는 원래 크기보다 100배까지 몸을 부풀려요. 가시 돋친 물고기는 배고픈 상어와 거북이 먹어 보았자 입만 아플 뿐이에요. 그래서 손쉬운 먹잇감을 찾았다고 해도 가시복을 그냥 지나쳐 버리고 말지요. 안전하다고 느낀 가시복은 풍선에 바람을 빼듯 몸을 원래대로 줄여요. 복어를 영어로 '풍선물고기 balloonfish'라고도 부른답니다.

몸을 크게 부풀리려면 힘이 많이 들어요. 그래서 낮에는 어딘가에 숨어 있다가 밤에 밖으로 나온답니다. 가시복은 뾰족한 성게를 찾아 산호초를 훑고 다니거나 게를 우적우적 씹어 먹어요. 부리처럼 튀어나온 강력한 입으로 딱딱한 먹잇감도 잘 부순답니다.

가시복,
전 세계 열대 바다

영원

어떤 영원에게는 폐가 없어요.
피부로만 숨을 쉬지요.

동부영원,
북아메리카 동부

한 번에 조심스럽게 한 발짝씩, 영원은 축축한 나뭇잎과 이끼 위를 기어올라요. 어린 영원은 주로 땅 위에서 시간을 보내지만, 다 큰 영원은 연못이나 호수에서 헤엄치지요. 영원은 물속에서 꼼짝도 않고 있을 때가 많지만, 곤충과 달팽이를 보면 꼬리를 양옆으로 휘두르며 잽싸게 돌진해서 잡아요.

영원은 밝은 색상이 많지만, 그저 보여 주려고 알록달록한 것은 아니랍니다. 포식자에게 독이 있으니 얼씬도 하지 말라고 경고하는 거예요. 동부영원은 어릴 때 밝은 붉은색을 띠는데, 이때 독성이 가장 강해요. 어른이 되면 녹색으로 바뀌지요. 영원은 공격을 받아 다리나 꼬리가 잘려도 괜찮아요. 원하는 만큼 얼마든지 새로 자라니까요!

월리스날개구리,
동남아시아

개구리

동남아시아의 열대 우림 위를 날아오르는 월리스날개구리는 바람에 흩날리는 밝은 초록 잎 같아요. 넓은 발에는 물갈퀴가 달려 있고, 몸통 양옆으로는 날개 같은 피부가 펄럭이지요. 덕분에 월리스날개구리는 이 나무에서 저 나무로 옮겨 다닐 때 바람을 타고 공중에서 날아 내려올 수 있어요. 한 번 뛸 때마다 15미터 넘게 날 수 있답니다.

개구리는 양서류 중에서 가장 많은 종이 있어요. 특별한 능력도 매우 많지요. 북극송장개구리는 겨울에 완전히 얼음처럼 얼어붙을 수 있고, 코키개구리는 지나가는 기차만큼이나 큰 소리로 울 수 있어요. 패러독스개구리의 올챙이는 최대 25센티미터까지 자라지요. 개구리가 되었을 때보다 4배가 더 크답니다!

날개구리는 액체를 뿜어낸 뒤 다리로 휘휘 저어서 거품 같은 둥지를 만들어요. 그 모습이 마치 머랭 과자를 만드는 것 같지요. 덕분에 알을 안전하게 보호할 수 있어요.

새끼 테라핀은 부화하기 전에도
알껍데기 속에서 서로를 부를 수 있어요!

테라핀

여러분이 절대 벗을 수 없는 갑옷을 입었다고 상상해 보세요! 거북은 매끈하고 딱 알맞은 껍데기 속에서 평생을 보내요. 그래서 몸이 자랄수록 껍데기의 크기도 점점 커지지요. 등뼈와 갈비뼈는 튼튼한 등딱지의 일부가 되었어요. 어느 한 아메리카 원주민들에게 전해지는 이야기로는, 거대한 우주 거북의 등딱지가 이 세상을 받치고 있다고 해요.

민물거북을 테라핀이라 부르기도 해요. 테라핀은 물에서든 육지에서든 잘 지내요. 그리고 따스한 햇볕을 받으며 일광욕을 즐긴답니다. 가짜지도거북은 등딱지에 구불구불한 선이 많아서 이런 이름이 지어졌어요. 등딱지의 선이 마치 지도에서 높낮이를 알려 주는 등고선 같아 보이거든요.

가짜지도거북, 미국

적도아놀, 남아메리카 북서부

세계에서 가장 큰 도마뱀은
코모도왕도마뱀이에요.
최대 3미터까지 자랍니다.

도마뱀

적도아놀은 처음에는 여느 도마뱀과 비슷해 보여요. 하지만 수컷이 암컷의 주의를 끌고 싶을 때, 턱 아래의 반짝이는 빛으로 가득한 피부막을 활짝 편답니다. 목에 돋아난 깃발 모양은 다른 도마뱀이 가까이 오지 못하도록 경고하는 데 쓰여요. 어떤 수컷 아놀은 아침저녁에 팔 굽혀 펴기 운동을 하면서 힘을 뽐내기도 해요.

도마뱀들은 온갖 방법으로 생각을 표현해요. 카멜레온은 색깔을 바꾸며 그때그때 기분을 드러내고, 턱수염도마뱀은 앞다리를 높이 올려 흔들어요. 목도리도마뱀은 목주름을 우산처럼 활짝 펴서 몸이 커 보이게 하여, 포식자들이 가까이 오지 못하게 막는답니다.

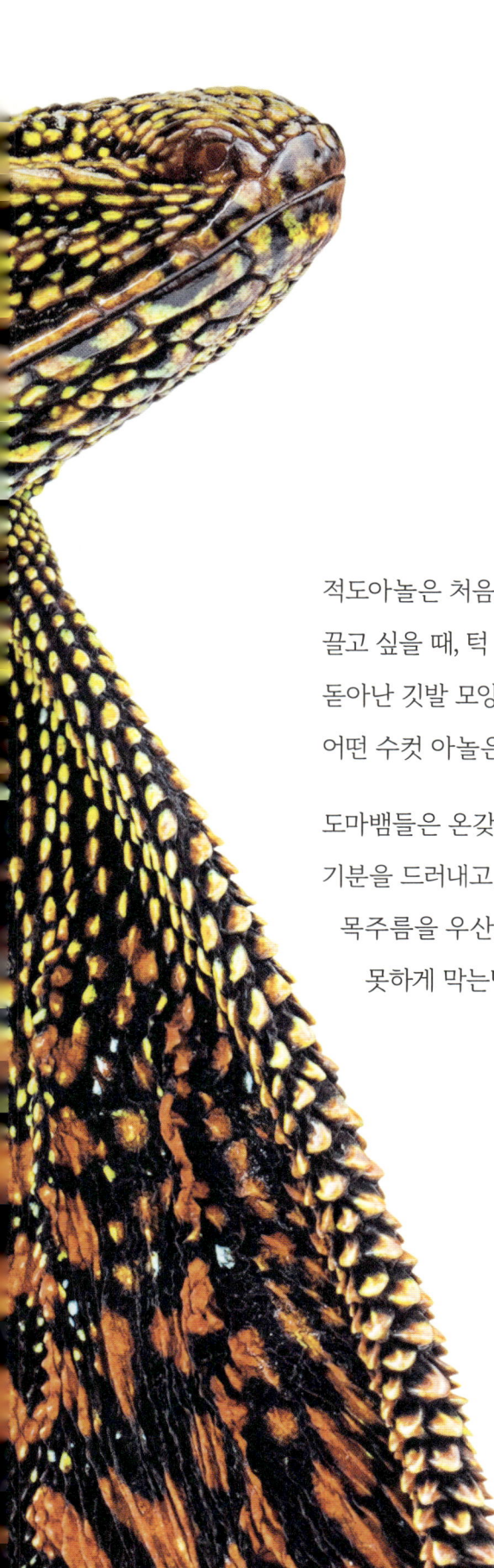

방울뱀

사막에서 마라카스를 흔드는 소리가 들린다면 당황스럽겠지요. 하지만 악기로 내는 소리가 아니랍니다. 너무 가까이 다가가면, 방울뱀은 꼬리를 들어 올리고 흔들어서 방울 소리를 내요. 허물을 벗고 남은 굳은 각질들이 꼬리 끝에 고리 모양으로 남아 서로 부딪히면서 소리가 나는 거예요. 이렇게 달가닥하며 내는 방울 소리는 경고의 표시예요. 방울뱀에게는 강력한 독이 있으니 건들지 말고 내버려두라고 하는 것이죠.

적이 방울뱀의 위협에도 아랑곳하지 않는다면, 방울뱀은 몸을 S자로 만들어 공격할 준비를 해요. 입속에는 기다란 송곳니가 두 개 있는데 안에는 맹독이 가득 해요. 북아메리카의 동부다이아몬드백방울뱀의 독은 그중에서도 가장 치명적이랍니다.

인간의 척추는 337개의 뼈로 이루어져 있지만 방울뱀은 200개가 넘는답니다!

동부다이아몬드백방울뱀, 미국 남동부

가비알악어

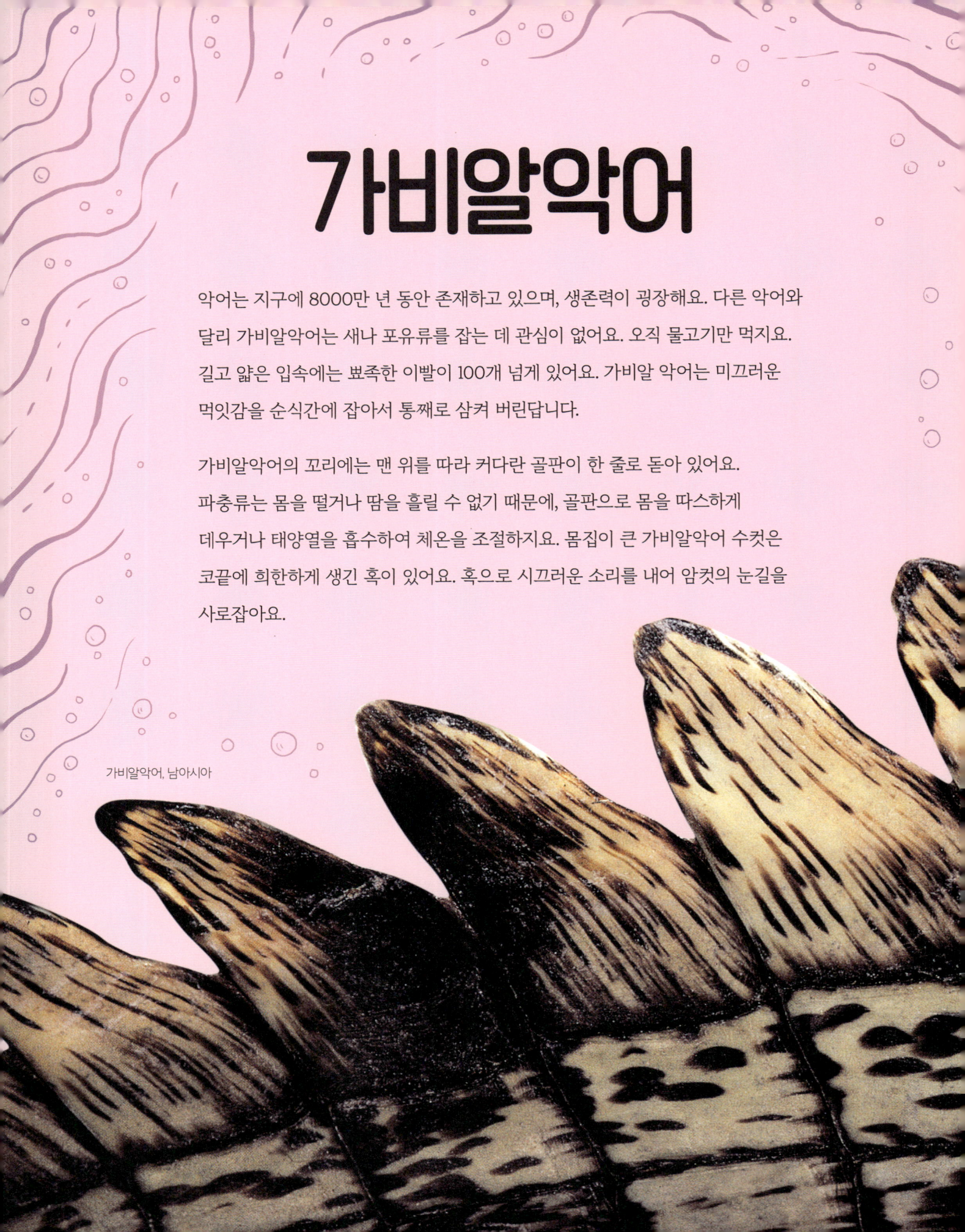

악어는 지구에 8000만 년 동안 존재하고 있으며, 생존력이 굉장해요. 다른 악어와 달리 가비알악어는 새나 포유류를 잡는 데 관심이 없어요. 오직 물고기만 먹지요. 길고 얇은 입속에는 뾰족한 이빨이 100개 넘게 있어요. 가비알 악어는 미끄러운 먹잇감을 순식간에 잡아서 통째로 삼켜 버린답니다.

가비알악어의 꼬리에는 맨 위를 따라 커다란 골판이 한 줄로 돋아 있어요. 파충류는 몸을 떨거나 땀을 흘릴 수 없기 때문에, 골판으로 몸을 따스하게 데우거나 태양열을 흡수하여 체온을 조절하지요. 몸집이 큰 가비알악어 수컷은 코끝에 희한하게 생긴 혹이 있어요. 혹으로 시끄러운 소리를 내어 암컷의 눈길을 사로잡아요.

가비알악어, 남아시아

수컷 가비알 악어는 슈퍼맨 아빠예요.
등에 자그마한 새끼 악어를
수백 마리나 업고 다니거든요.

화식조

**화식조는 커다란 초록색 알을 낳아요.
여느 다른 새들과는 달리 수컷이 알을 돌본답니다.**

화식조는 아득히 먼 옛날의 새처럼 생겼어요. 그래서 화식조를 보면 새가 공룡에서 진화했다는 사실을 쉬이 믿을 수 있을 거예요. 덩치가 커다란 화식조는 지구에서 타조 다음으로 무거운 새랍니다. 타조처럼 날지 못하지요. 화식조는 겁이 많아서 열대 우림의 서식지에서 혼자 돌아다니며 살아요. 하지만 스스로를 보호할 때에는 위협적이지요. 강력한 다리와 길이가 10센티미터나 되는 날카로운 발톱으로 무시무시하게 발길질해 대거든요.

화식조는 머리 위에 아주 단단한 돌기가 있어요. 이 돌기로 소리를 듣는 것일까요? 아니면 누가 더 강한지 다른 화식조에게 보여 주려는 것일까요? 아마도 열대 우림의 빽빽한 숲을 헤치고 나가는 데 쓸지도 모르지요. 확실한 이유는 아무도 모른답니다!

큰화식조, 동남아시아와 오스트레일리아

오리

꽥꽥! 이 소리를 들으면 세계에서 가장 흔한 오리인 청둥오리가 떠오를 거예요. 하지만 모든 오리가 꽥꽥 울지는 않는답니다. 휘파람 소리를 내는 오리가 있는가 하면, 우는 소리를 내거나 끽끽거리기도 하고, 구구 하고 우는 오리도 있어요. 심지어 개처럼 짖는 오리도 있다고요! 오리는 거의 모든 곳에서 살아요. 호사북방오리는 몹시 추운 북극 지역에서도 살지요. 이 강인한 오리는 살얼음이 가득한 찬 바다에 뛰어들어 조개를 잡아요. 수컷 호사북방오리는 색이 다양해요. 하지만 암컷 오리는 대체로 갈색이 많아요. 흐리멍덩한 색깔 덕분에 땅 위의 둥지에 있을 때 눈에 잘 띄지 않는답니다.

오리는 땅 위에서 어설프게 뒤뚱뒤뚱 걷지만, 하늘에서는 비행 선수예요. 강력한 날개 근육으로 땅을 박차고 날아올라 빠르게 속도를 낼 수 있지요. 바다비오리는 시속 160킬로미터까지 속도를 낼 수 있어요.

호사북방오리, 북극

암컷 오리는 때로 다른 오리의 둥지에 알을 낳아요. 미국흰죽지라는 오리는 알을 877개나 품고 있는 모습이 발견되었대요!

빅토리아왕관비둘기, 뉴기니 북부

부모 비둘기는 목에서 토해 낸 특별한 종류의 '젖'을
새끼에게 먹여요.

비둘기

길거리와 기차역, 공원에 가면 무리지어 옥신각신하는 비둘기 떼를 흔히 볼 수 있어요. 그중에서도 전 세계 도시 어디에서나 가장 많이 보이는 비둘기는 회색비둘기예요. 하지만 색상과 무늬가 아름다운 비둘기도 많답니다. 빅토리아왕관비둘기는 머리에 파랗고, 끄트머리가 하얀 깃털로 우아하게 장식했어요. 그 모습이 마치 공작의 꼬리 같아요.

비둘기는 약 1만 년 전부터 인간의 손에 길들여진 최초의 새입니다. 이 영리한 생명체는 고향이 아무리 멀리 떨어져 있어도 찾아가는 방법을 알아요. 그래서 고대 로마 시대부터 사람들은 비둘기에게 편지를 묶어 배달하는 일을 시키기도 했어요.

왜가리

검은해오라기, 아프리카

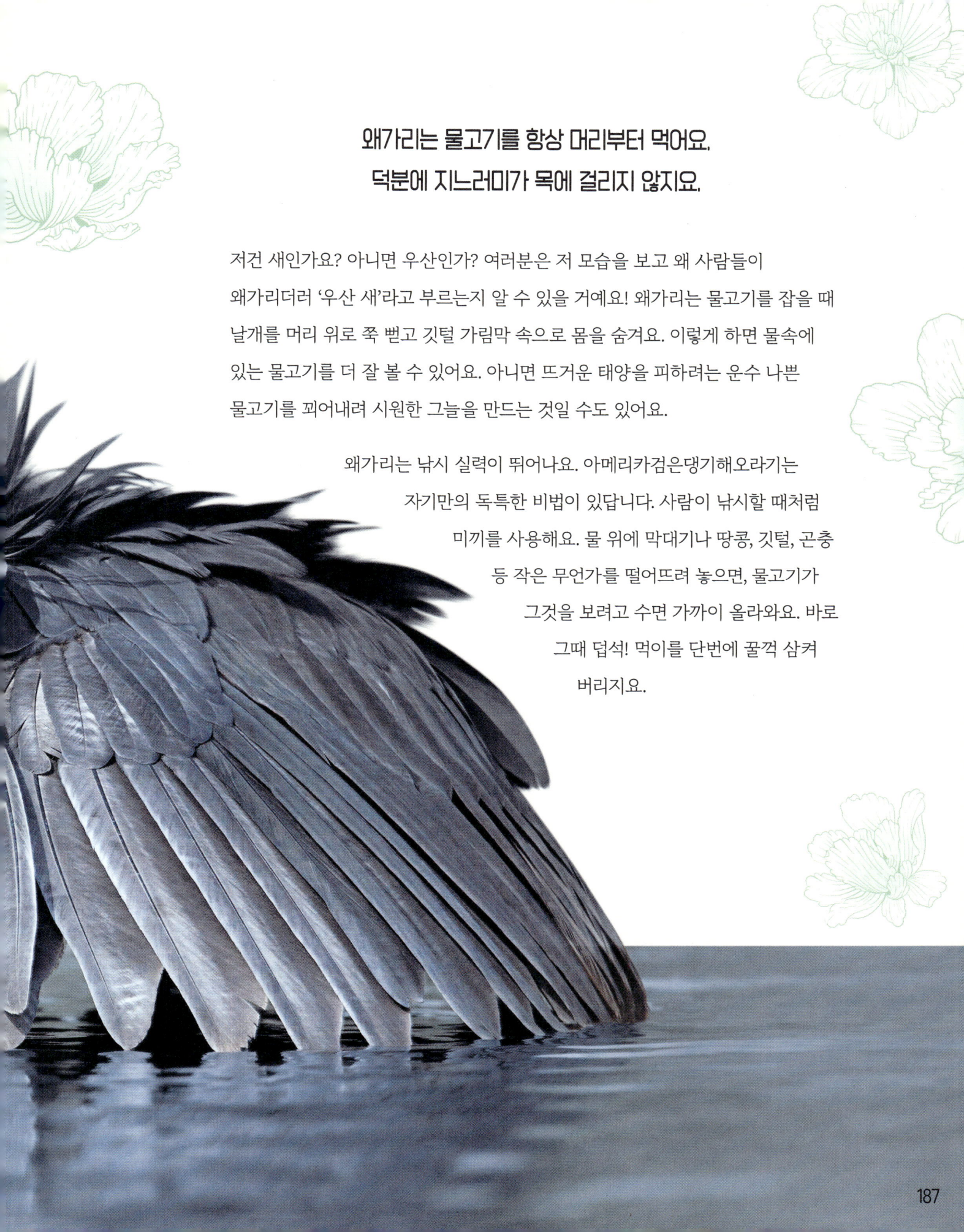

왜가리는 물고기를 항상 머리부터 먹어요.
덕분에 지느러미가 목에 걸리지 않지요.

저건 새인가요? 아니면 우산인가? 여러분은 저 모습을 보고 왜 사람들이 왜가리더러 '우산 새'라고 부르는지 알 수 있을 거예요! 왜가리는 물고기를 잡을 때 날개를 머리 위로 쭉 뻗고 깃털 가림막 속으로 몸을 숨겨요. 이렇게 하면 물속에 있는 물고기를 더 잘 볼 수 있어요. 아니면 뜨거운 태양을 피하려는 운수 나쁜 물고기를 꾀어내려 시원한 그늘을 만드는 것일 수도 있어요.

왜가리는 낚시 실력이 뛰어나요. 아메리카검은댕기해오라기는 자기만의 독특한 비법이 있답니다. 사람이 낚시할 때처럼 미끼를 사용해요. 물 위에 막대기나 땅콩, 깃털, 곤충 등 작은 무언가를 떨어뜨려 놓으면, 물고기가 그것을 보려고 수면 가까이 올라와요. 바로 그때 덥석! 먹이를 단번에 꿀꺽 삼켜 버리지요.

독수리

흰머리수리는 오랫동안 같은 둥지를 지켜요.
둥지에 재료를 더하고 더하는 바람에,
어떤 것은 높이가 4미터에 이르기도 해요.

흰머리수리,
북아메리카

독수리는 날개 너비만 2.5미터로, 포식동물 중 가장 크고 힘이 센 새라 할 수 있어요. 사냥 솜씨도 뛰어나서 자기보다 훨씬 무거운 먹잇감도 잡을 수 있어요. 북극에서는 검독수리가 순록을 쓰러뜨릴 때도 있으며, 중앙아메리카와 남아메리카에 사는 남미수리는 기다란 발톱으로 열대 우림 나무 꼭대기에서 원숭이를 낚아채기도 해요.

흰머리수리는 미국을 상징하는 동물이에요. 강 위를 휙 미끄러지듯 내려오며 물고기를 잡는데, 특히 연어를 좋아해요. 구부러진 발톱으로 빛나는 전리품을 가지고 가지요. 흰머리수리의 발톱은 어른 손가락 길이인 회색곰의 발톱보다 더 긴 것도 있어요. 중세 유럽을 뒤흔든 바이킹에게는 독수리가 세상 꼭대기에 앉아 날개를 퍼덕여서 바람을 일으킨다는 이야기가 전해 내려왔어요.

도토리딱따구리 가족은 같은 나무에 도토리를 5만 개까지 저장할 수 있어요.

딱따구리

딱, 딱, 딱! 딱따구리의 모습이 보이기 전에 소리가 먼저 들릴 거예요. 근처에 도토리딱따구리가 나무에 작은 구멍을 수없이 뚫고 있다는 신호예요. 자세히 보면, 구멍에 도토리가 하나씩 잔뜩 박혀 있는 모습이 보일 거예요. 가을이 되면 딱따구리는 참나무에서 어마어마하게 많은 도토리를 모아요. 그런 다음, 가장 좋아하는 나무에 작은 구멍을 뚫고 도토리를 하나씩 넣어 겨울을 대비해요.

딱따구리는 나무를 갉아 먹는 딱정벌레의 애벌레를 먹어요. 맛난 먹잇감을 입에 넣으려고 뾰족한 부리로 1초에 15번이나 나무를 두드린답니다! 특수한 근육과 머리뼈 앞쪽의 스펀지 같은 말랑한 뼈가 뇌를 보호해 주어요. 그래서 아무리 세게 두드려도 뒤로 넘어지지 않아요.

도토리딱따구리, 북아메리카 남부와 중앙아메리카, 남아메리카 북부

베짜기새, 아프리카 남부

베짜기새

암컷   수컷

세상에서 가장 대단한 동물 건축가를 만나 보세요. 집 짓기 솜씨가 뛰어난 수컷 베짜기새는 뱀이 둥지로 다가오지 못하게 막는 법을 확실히 알고 있답니다. 기다란 풀줄기를 얇은 가지에 묶고, 고리 모양으로 휘휘 감아요. 그런 다음 머리를 땋는 것처럼 주변의 더 많은 풀을 엮지요. 5일 동안 베짜기새는 뱀에게서 안전한 바구니 둥지를 완성했어요. 이 모든 일을 부리와 발로만 했다니 정말 놀라워요!

베짜기새는 종류가 많은 만큼 둥지의 모양도 다양해요. 사회성이 뛰어나 무리 지어 살며, 나뭇가지와 짚으로 거대한 둥지를 만든답니다. 길이 6미터에 100마리가 들어가고도 넉넉할 정도로 넓어요!

암컷 베짜기새는 둥지를 세게 잡아당겨서 어느 둥지가 가장 튼튼한지 점검해요. 허술한 둥지는 쓸 수 없을 테니까요.

바늘두더지는 이빨이 없어요.
아주 끈끈한 혀로 곤충과 지렁이를
할짝할짝 핥아 먹는답니다.

바늘두더지

여러분이 포도알만 한 알을 우연히 봤다면, 그곳에서 새나 파충류가 곧 부화할 거라고 생각하겠지요. 그런데 알속에서 포유류가 나온다면 무척 놀라울 거예요! 별난 동물 바늘두더지는 오리너구리와 더불어 포유류 중에 알을 낳는 단 두 가지 동물 중 하나예요. 어미 바늘두더지는 가죽 같은 껍데기가 있는 알을 하나 낳은 뒤, 배에 있는 주머니 속에 넣어 따스한 온기를 전해 주어요. 열흘이 지나면 퍼글이라 부르는 새끼가 알을 깨고 나오지요.

짧은코가시두더지는 뾰족한 가시로 무장하여, 자신을 잡아먹으려는 동물을 물리쳐요. 개미와 흰개미 같은 좋아하는 먹이를 잡을 때는 강력한 발톱으로 땅을 파지요.

짧은코가시두더지,
뉴기니와 오스트레일리아

웜뱃은 네모 모양 똥을 누는
단 하나뿐인 동물이에요.

웜뱃

웜뱃은 반은 곰이고 반은 토끼 같아 보여요. 하지만 이 특이한 오스트레일리아의 포유류는 사실 캥거루, 코알라와 더 가깝답니다. 털이 매우 복슬복슬하고 아주 통통해요. 땅 파기도 제일이랍니다. 웜뱃의 딴딴한 몸과 근육질 다리, 강력한 발톱은 빠르게 굴을 파는 데 안성맞춤이에요. 위험을 느끼면 굴속으로 뛰어들어 튼튼한 엉덩이로 입구를 막아 버려요. 그러면 웜뱃을 잡아먹으려는 배고픈 동물이 안으로 들어올 수 없지요.

어미 웜뱃은 새끼를 배주머니에 안전하게 넣고 다녀요. 다른 캥거루 사촌과는 달리, 웜뱃의 주머니는 앞이 아닌 뒤로 향해 있어요. 그래서 땅을 파는 동안 흙이 주머니 안으로 들어가지 않아요!

애기웜뱃, 오스트레일리아 동남부

브라질세띠아르마딜로, 브라질

아르마딜로 중 가장 작은 종은 애기아르마딜로예요.
몸 길이가 연필의 절반 정도에 지나지 않지요.

아르마딜로

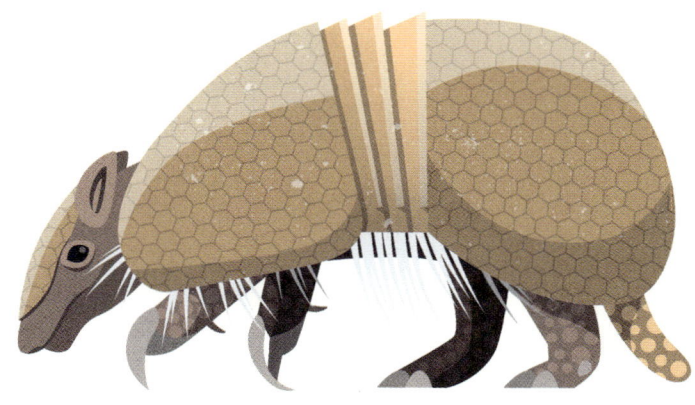

아르마딜로는 얼핏 보면 이상하게 생긴 축구공 같아요. 하지만 가까이서 보면 벌집 모양 껍데기를 쓴 브라질세띠아르마딜로라는 것을 알 수 있어요. 재규어나 육식을 하는 새들이 공격하려 하면, 아르마딜로는 몸을 말아서 단단한 공처럼 만든답니다. 브라질세띠아르마딜로는 완벽한 공 모양으로 몸을 말 수 있는 두 가지 아르마딜로 중 하나예요. 몸 가운데를 둘러싼 세 개의 좁은 띠로 딱딱한 껍데기를 둥글게 구부려요. 이제 위험한 상황을 넘겼다고 느끼면, 아르마딜로는 몸을 풀고 먹잇감을 찾거나 잠을 차러 총총 자리를 떠나요. 아르마딜로는 하루에 16시간씩 자고는 한답니다! 등에 무거운 껍데기를 이고 있지만, 수영을 매우 잘하는 아르마딜로도 있어요. 공기를 삼켜 몸을 물 위로 둥둥 띄울 수 있지요.

매너티

매너티는 성질이 온순하고, 넓은 지느러미발과 거대한 코가 달린 오동통한 포유류예요. 주로 강과 늪, 바닷가를 유유자적 헤엄치며 하루에 여덟 시간 동안 물풀을 오물오물 씹어 먹지요. 매너티는 먹이를 소화하는 동안 가스를 어마어마하게 많이 배출해요. 가스는 풍선이 떠오르듯 매너티를 위로 두둥실 떠오르게 한답니다. 매너티의 뼈는 몸을 물속으로 가라앉힐 만큼 크고 무거워요. 그러나 다행히 가스 덕분에 수면 아래로 가라앉을 일은 없어요.

1493년에 탐험가 크리스토퍼 콜럼버스는 북아메리카 해변에서 헤엄치고 있는 희한한 동물을 목격했어요. 이 동물이 바로 매너티였지만, 콜럼버스는 인어라고 생각했다나요! 다른 수많은 선원들도 매너티를 보고 신비의 생명체라고 착각하고는 했어요.

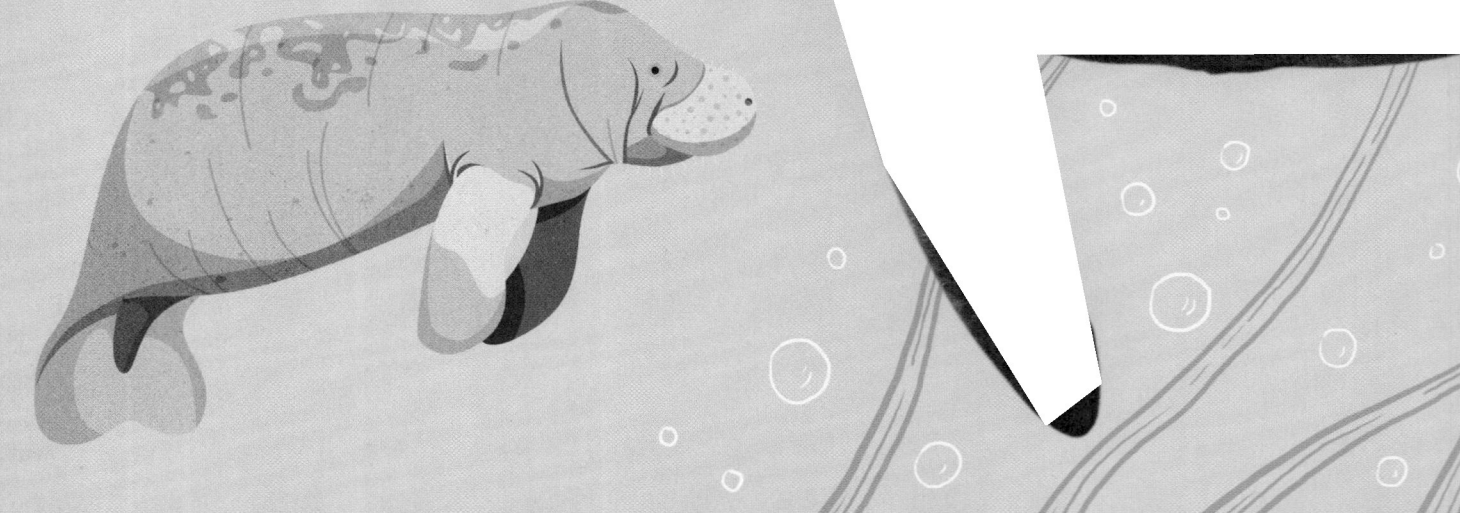

매너티는 고래나 돌고래, 물개와 같은 종류가 아니에요.
코끼리와 더 가깝답니다.

서인도제도매너티,
카리브 해와 남아메리카
북부 해안

침팬지는 배탈이 났을 때처럼 몸에 이상을 느꼈을 때 30여 가지 풀들을 약으로 써요.

침팬지

침팬지는 인간과 가장 가까운 동물이에요. 침팬지와 우리는 모두 유인원이라는 같은 종에 속해 있지요. 보노보와 고릴라, 오랑우탄 등도 같은 유인원이에요. 침팬지는 대략 30마리가 무리지어 왁자지껄하게 살아요. 미소를 짓기도 하고, 싸우거나 소리를 지르고, 함께 놀이를 하고, 돈독한 우정을 쌓기도 한답니다.

침팬지는 매우 똑똑해요. 과학자들은 침팬지가 도구를 사용하는 모습을 처음으로 목격했어요. 어떤 침팬지는 돌로 견과류 껍데기를 쳐서 쪼개는 법을 배우기도 하고, 뾰족한 막대기를 나무 구멍에 넣어 곤충을 낚기도 해요. 축축한 이끼를 스펀지처럼 꼭 짜서 물을 마시는 침팬지도 있답니다. 하지만 모든 침팬지에게 이러한 기술이 있지는 않아요. 어린 침팬지는 주위에 있는 어른들을 보며 배워야 하지요.

침팬지, 중앙아프리카와 서아프리카

박쥐

어둠 속에서 빨리 날아오르려면 얼마나 힘이 들까요? 긴귀윗수염박쥐처럼 곤충을 먹는 박쥐는 밤에 어디에도 부딪히지 않고 거침없이 자유롭게 날 수 있답니다! 박쥐가 아주 높은 소리를 내면, 그 소리는 나무와 건물, 물건 등에 부딪히며 메아리가 울려요. 박쥐는 이 메아리를 듣고 머릿속으로 '소리 그림'을 그리지요. '반향 정위'라 부르는 이러한 기술로 맛있는 나방의 위치를 추적하여 잡아먹는답니다.

사람의 모습을 한 뱀파이어가 피를 마시면 박쥐로 변해서 날아간다는 오싹한 이야기가 있어요. 실제로 피를 먹는 박쥐가 몇 종류 있지만, 이 박쥐들은 열대 우림에 살며, 돼지와 비슷한 맥이나 가축들의 피를 먹어요. 박쥐는 하늘을 날 수 있는 유일한 포유류랍니다.

긴귀윗수염박쥐,
북아메리카 서부

박쥐는 털북숭이 날씨 예보관이에요.
아주 조금씩 바뀌는 기압을 느끼며
앞으로 날씨가 어떻게 변할지
예측하지요.

재규어

재규어, 북아메리카 남부와 중앙아메리카, 남아메리카 북부

재규어는 으르렁거리며 울부짖을 수 있지만,
커다란 고양잇과 동물들이 그렇듯 갸르릉거리지는 못해요.
나무를 톱질하는 것 같은 소리를 내기도 하지요.

숲속에서 눈에 띄지 않는 가장 좋은 방법은 무엇일까요? 놀랍게도 점박이 무늬로 위장하는 거예요! 재규어의 털에 있는 아름다운 점무늬는 숲에서 빛을 받을 때 신기하게 사라져요. 드물게 어두운 색을 띠는 재규어는 점무늬가 있기는 하지만 거의 검은색으로 보여요. 이러한 재규어를 흑표범이라 부르기도 한답니다.

재규어는 야생 돼지와 사슴, 물고기, 거북 그리고 보이는 먹잇감이라면 무엇이든 뒤에서 살금살금 쫓아와 사냥해요. 덩치가 큰 재규어는 대형 악어인 카이만까지도 잡아먹지요. 오늘날 멕시코에 살았던 아스테카인들은 '재규어 전사'라 부르는 최정예 군사들을 거느렸어요. 이들은 재규어 가죽을 입고 커다란 고양이처럼 위장했답니다.

큰곰, 북아메리카 북부 및 유럽과 아시아

세계 일부 지역에 사는 큰곰은 겨울잠을 자는데,
일곱 달 동안 먹지도 마시지도 않고
심지어 똥오줌을 누지도 않아요.

큰곰(불곰)

장난기 가득한 새끼 곰은 꼬마 탐험가예요. 새끼 곰들은 어미가 땅을 파고 보드라운 잎사귀를 가지런히 펼쳐 놓은 아늑한 굴에서 태어나 삶을 시작하지요. 그리고 겨우내 겨울잠에 들어간 어미와 함께 굴속에서 보내요. 갓 태어난 새끼 곰은 매우 작지만, 어른이 되면 500배나 커져요. 아기가 하마 크기로 자라는 것과 같은 셈이에요!

봄이 되면 어미와 새끼들은 굴 밖으로 나와 먹이를 찾으러 다녀요. 큰곰은 이빨이 날카로워 고기를 잘게 찢을 수 있어요. 하지만 새싹과 과즙 가득한 딸기 등 보이는 것이라면 무엇이든 먹어치운답니다. 가장 좋아하는 먹이는 미끈거리는 연어예요. 구부러진 발톱으로 강에서 연어를 휙 낚아채지요.

맥은 숲속의 강과 웅덩이를 헤엄칠 때
잠수할 때 쓰는 스노클처럼 코를 위로 들어올려요.

말레이테이퍼, 동남아시아

맥(테이퍼)

열대 우림 바닥에서 잎사귀 무늬의 커다란 발자국을 따라가 보면 맥을 만날 거예요. 이때 매우 조심히 발걸음을 옮겨야 해요. 맥은 굉장히 겁이 많거든요. 크기는 당나귀와 비슷하지만, 천적인 대형 고양잇과 동물을 피해 숨어 살 수밖에 없어요.

맥은 코끼리처럼 코가 길어요. 코로 과일이나 잎을 집어서 먹는답니다. 더위를 식힐 때에는 축축한 진흙탕에 찾아가 누워요. 어린 맥은 부모와 매우 다르게 생겼어요. 희미한 점과 줄무늬가 있는데, 덕분에 열대 우림으로 비치는 햇빛 사이에 가려 눈에 띄지 않지요.

사이가영양

금빛 풀밭이 펼쳐지는 어딘가에 사이가영양이 숨어 있어요. 신기하게 생긴 이 동물은 중앙아시아를 가로지르는 스텝이라는 광활한 평원에 살아요.

사이가영양 무리를 발견하기란 쉽지 않아요. 항상 끊임없이 움직이거든요. 해마다 사이가영양은 신선한 풀을 찾아 어마어마한 거리를 이동해요. 수컷 사이가영양만 뿔이 달렸지만, 수컷과 암컷 모두 아래로 축 처진 커다란 코가 있어요.

사이가영양은 코를 앞으로 쭉 뻗어 체온을 유지해요. 이를 테면 숨을 쉴 때마다 차가운 공기를 데워 주거나 혈액의 온도를 내려 주는 식이지요.

예전에는 사이가영양이 수백만 마리나 있었지만 인간이 마구잡이로 사냥하는 바람에 수천 마리로 줄어들고 말았어요. 지금은 멸종 위기 동물로 보호받고 있어서 많이 늘어나기는 했지만, 여전히 멸종 위험은 줄어들지 않고 있어요.

사이가영양은 태어난 지 이틀 만에 인간보다 더 빠르게 뛸 수 있답니다!

사이가영양, 중앙아시아

용어 풀이

곤충 다리가 세 쌍이고 몸통이 머리, 가슴, 배와 같이 세 부분으로 나뉜 동물. 날개가 두 쌍 있는 곤충도 많아요.

광물 화학 원소로 이루어진 단단한 물질. 각기 다른 광물이 섞이면 암석이 돼요.

광합성 식물이 햇빛에서 받은 에너지를 이용해 영양분을 만드는 화학적 과정. 광합성을 하는 동안 산소를 내보내요.

구근 일부 식물의 둥글고 통통한 부분으로, 땅속에 묻혀 있어요. 영양분 저장 창고 역할을 하지요.

균류 보통 썩은 것이나 죽은 것을 먹이로 하는 생명체. 버섯과 곰팡이가 균류예요.

기생 다른 숙주의 몸 위나 몸속에 사는 것. 기생 생물에게 영양분을 공급하는 생물이 숙주예요. 그래서 기생 생물은 숙주 없이는 살 수 없지요. 대표적인 기생 생물로는 모기와 흡혈박쥐, 납작벌레, 시체꽃 등이 있어요.

꽃가루 꽃과 침엽수의 열매가 만드는 먼지 같은 알갱이. 꽃가루는 바람을 타거나 동물의 도움으로 퍼져 나가요. 꽃가루가 꽃에서 꽃으로, 침엽수 열매에서 열매로 전해지며, 식물은 꽃을 피우거나 열매를 맺어요.

독 스스로를 보호하기 위해 만드는 해로운 물질. 보통 피부 속에 있어요.

맹독 동물이 만드는 해로운 액체. 맹독은 주로 먹잇감이나 공격하는 동물에게 침을 쏘거나, 독니로 물 때 나와요.

멸종 위기 동물 야생에 사는 수가 너무 줄어든 동물을 이르는 말. 멸종 위기에 처한 동물을 돕지 않으면 지구에서 영영 사라질 거예요.

무척추동물 곤충과 거미, 게, 가재 등 척추가 없는 동물.

반향 정위 소리를 이용해 사물이 얼마나 멀리에 있는지 알아내는 것. 소리가 물체에 부딪히면 돌아오는 메아리를 듣고 거리를 가늠해요. 돌고래와 박쥐들이 길을 찾고 먹이를 잡을 때 반향 정위를 이용해요.

변성암 강력한 열과 압력을 받아 다른 암석으로 변한 암석. 깊은 땅속에서 변성암이 만들어질 때가 많아요.

산소 인간을 비롯한 동물이 숨을 쉴 때 필요한 보이지 않는 기체. 조류와 식물이 만들며, 공기를 구성하는 주요 가스 중 하나예요. 물에도 녹는답니다.

산호초 따뜻하고 얕은 바다에서 발견되는 서식지. 산호충의 단단한 골격이 수없이 모여 만들어져요.

서식지 동물과 식물 같은 생명체가 사는 곳. 서식지는 육지 또는 물이 될 수 있어요. 많은 종들이 특정 서식지에만 살아요.

세포 살아 있는 생명체를 만드는 가장 작은 구성 단위. 박테리아와 조류, 아메바와 같은 일부 작은 생명체는 세포가 하나밖에 없어요. 크기가 큰 동물과 식물은 세포가 엄청나게 많아요.

수분 꽃가루가 식물 사이를 오가며 씨앗을 만드는 것. 꽃가루는 바람을 타거나 동물의 도움을 받아 이동해요.

수액 식물이 생산하는 달콤한 액체. 동물의 혈액처럼 나무 몸통과 줄기 속에 흘러요.

수지 나무에서 나오는 노란색, 갈색 또는 붉은색의 걸쭉한 액체. 나무껍질에 난 상처를 메우려고 내보내요.

아가미 물속에서 숨을 쉴 때 이용하는 기관. 물고기와 게, 가재, 새우 그리고 일부 양서류에게 아가미가 있어요.

암석 광물에서 만들어진 딱딱한 고체.

양서류 척추가 있는 동물로, 보통 태어난 뒤 일정 기간은 물에서 살고 이후에는 육지에서 살아요. 대개 알에서 태어나 올챙이로 부화하고, 성체로 몸을 바꾸지요. 개구리와 영원이 대표적인 양서류예요.

연체동물 문어와 조개, 달팽이처럼 몸통이 말랑말랑한 무척추동물의 일종. 껍데기가 있는 경우도 있어요.

열대 우림 매우 습하고 비가 많이 내리는 숲 서식지. 가장 규모가 큰 열대 우림은 햇빛을 많이 받아 더운 열대 지방에 있으며, 나무가 매우 높게 자라요. 다양한 식물과 동물이 대규모로 모여 살아요.

운석 우주를 가로질러 지구와 같은 행성으로 떨어진 암석 덩어리.

원소 생물과 무생물을 포함하여 모든 물질을 만드는 기본 요소. 원소는 고체이거나 액체, 기체 형태가 될 수 있고, 저마다 다른 형태로 바뀔 수 있어요. 산소와 철, 탄소, 금이 대표적인 원소예요.

위장 동물이 색깔과 무늬로 모습을 숨기는 것. 다른 동물의 공격을 피하려고 위장해요.

유기체 식물과 동물, 균류, 조류, 박테리아처럼 살아 있는 모든 것.

자외선 빛의 일종으로 우리 눈에는 보이지 않지만, 몇몇 동물은 볼 수 있어요. 어떤 광물은 자외선을 비출 때 반짝이기도 해요. 자외선은 사람의 피부를 그을리기 때문에, 자외선을 막지 않으면 피부가 탈 수 있어요.

조류 단순하고 식물처럼 생긴 유기물의 일종으로, 대개 바다를 포함한 물에서 볼 수 있어요. 조류는 눈에 보이지 않을 정도로 작은 것도 있지만 해초처럼 매우 큰 것도 있습니다.

종 동물이나 식물 그 밖의 생명체 특징에 따라 묶은 단위. 예를 들어 사자와 치타는 같은 고양잇과 동물이지만 다른 종이에요. 같은 종에 속한 동물끼리는 새끼를 낳아 기를 수 있지만, 다른 종끼리는 일반적으로 불가능해요.

침엽수 가늘고 바늘처럼 생긴 잎이 있는 나무. 씨앗이 들어 있는 단단한 열매가 자라요. 침엽수 대부분은 일 년 내내 뾰족한 잎이 달려 있어요. 전나무와 소나무가 침엽수예요.

퇴적암 모래와 자갈 또는 암석의 여러 조각이 쌓이고 짓눌려 만들어진 암석.

파충류 척추가 있는 동물로 딱딱한 비늘로 덮여 있어 피부가 거칠어요. 대개 알을 낳지요. 뱀과 도마뱀, 거북, 악어가 파충류에 속해요.

포식자 다른 동물을 먹잇감으로 사냥하는 동물.

포유류 척추가 있는 동물로, 따뜻한 피가 흐르고 털이나 머리카락이 있어요. 거의 모든 포유류가 새끼를 낳는데, 알을 낳는 아주 희귀한 포유류도 있어요. 모든 포유류는 젖을 먹여 새끼를 키워요.

포자 양치식물과 이끼, 균류가 퍼뜨리는 먼지 같은 알갱이. 포자에서 새로운 유기체가 자라요.

플랑크톤 바다와 호수 위에 둥둥 떠다니는 아주 작은 생물. 너무 작아서 우리 눈에 보이지 않는 것도 많아요. 조류와 요각류 등이 플랑크톤이에요.

핏줄 동물의 체액을 옮겨 주는 기다란 관. 동물은 핏줄을 통해 혈액을 흘려보내요. 반면, 식물은 잎맥으로 물과 당분을 옮기지요.

해초 바다에서 자라는 대형 조류의 일종. 식물처럼 광합성을 해요.

현미경 사물을 확대하여 볼 수 있는 과학 도구. 우리 눈에는 보이지 않는 아주 작은 사물을 볼 수 있어요. 미생물을 찍을 수 있는 카메라도 달 수 있답니다.

화석 수백만 년 전에 살았던 생명체가 딱딱하게 굳은 것. 화석은 뼈와 같은 신체 일부 또는 발자국처럼 생명체가 남긴 흔적이 될 수 있어요.

화성암 지구 내부의 뜨거운 액체 상태 마그마 또는 화산에서 폭발한 용암이 굳어서 생긴 암석.

그림으로 보는 자연

금 6쪽
종류: 원소
모스 경도: 2.5-3
원료: 금

사막의 장미 8쪽
분류: 광물
모스 경도: 2
원료: 칼슘과 황, 산소, 물

공작석 10쪽
분류: 광물
모스 경도: 3.5-4
원료: 구리, 탄소, 산소와 수소

형석 12쪽
분류: 광물
모스 경도: 4
원료: 칼슘과 불소

귀단백석 14쪽
분류: 광물
모스 경도: 5-6
원료: 규소, 산소, 물

터키석 16쪽
분류: 광물
모스 경도: 5-6
원료: 구리, 알루미늄, 칼륨, 산소, 수소, 물

황철석 18쪽
분류: 광물
모스 경도: 6-6.5
원료: 철, 황

루비 20쪽
분류: 광물
모스 경도: 9
원료: 알루미늄, 산소

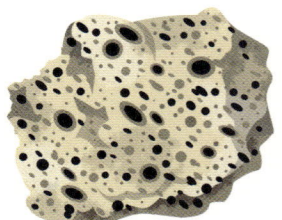

부석 22쪽
분류: 화성암
원료: 유리

사암 24쪽
분류: 퇴적암
원료: 석영, 장석

대리석 26쪽
분류: 변성암
원료: 방해석

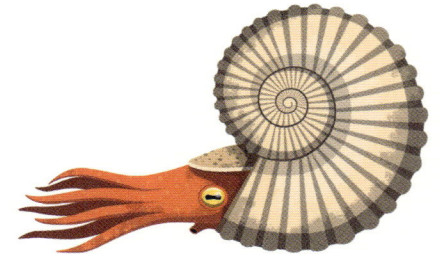

암모나이트 28쪽
분류: 화석
사는 곳: 전 세계

호박 30쪽
분류: 유기 광물
원료: 수지

석회비늘편모류 34쪽
학명: Emiliania huxleyi
분류: 인편모조류
너비: 0.01밀리미터
사는 곳: 전 세계

자이언트켈프 36쪽
학명: Macrocystis pyrifera
분류: 갈색 조류
너비: 45미터
사는 곳: 전 세계

규조 38쪽
학명: Aulacodiscus oregonus
분류: 규조류
너비: 0.1밀리미터
사는 곳: 전 세계

야광충 40쪽
학명: Noctiluca scintillans
분류: 와편모조류
너비: 0.5밀리미터
사는 곳: 전 세계

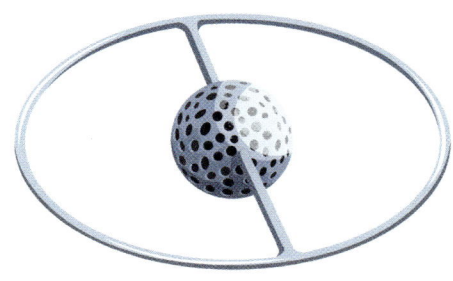

방산충 42쪽
학명: Saturnulus planetes
분류: 방산충
너비: 0.2밀리미터
사는 곳: 전 세계

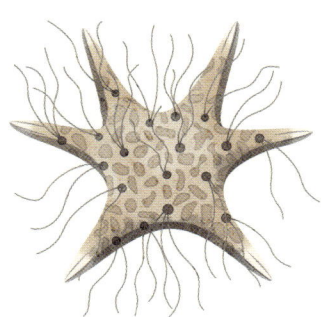

별모래 44쪽
학명: Baculogypsina sphaerulata
분류: 유공충
너비: 1.5밀리미터
사는 곳: 태평양 서부

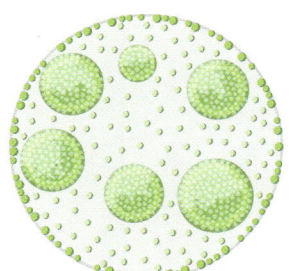

민물 녹조 46쪽
학명: Volvox aureus
분류: 녹조류
너비: 1밀리미터
사는 곳: 전 세계

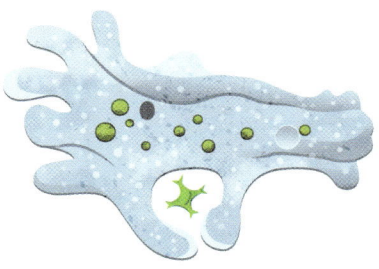

프로테우스아메바 48쪽
학명: Amoeba proteus
분류: 원생동물
너비: 0.3밀리미터
사는 곳: 전 세계

광대버섯 50쪽
학명: Amanita muscaria
분류: 균류
너비: 30센티미터
사는 곳: 전 세계

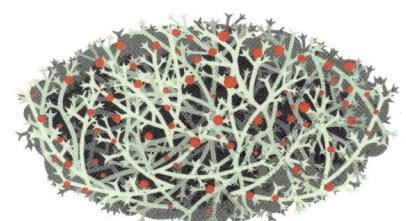

순록이끼 52쪽
학명: Cladonia rangiferina
분류: 녹조류와 균류
너비: 10센티미터
사는 곳: 북극

물곰 54쪽
학명: Paramacrobiotus craterlaki
분류: 무척추동물
너비: 1.5밀리미터
사는 곳: 전 세계

요각류, 56쪽
학명: Temora stylifera
분류: 무척추동물
너비: 1.4밀리미터
사는 곳: 대서양

우산이끼 60쪽
학명: Marchantia polymorpha
분류: 우산이끼류
길이: 10센티미터
사는 곳: 유럽

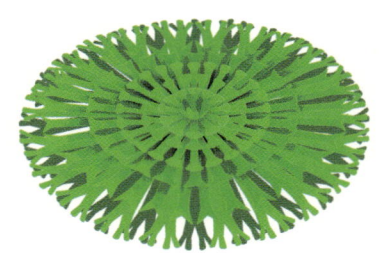

부활초 62쪽
학명: Selaginella lepidophylla
분류: 석송
높이: 5센티미터
사는 곳: 북아메리카 남부

나무고사리 64쪽
학명: Dicksonia antarctica
분류: 고사리
높이: 1.5미터
사는 곳: 오스트레일리아

은행나무 66쪽
학명: Ginkgo biloba
분류: 은행
높이: 50미터
사는 곳: 동아시아

세쿼이아 68쪽
학명: Sequoiadendron giganteum
분류: 침엽수
높이: 95미터
사는 곳: 북아메리카 서부

아마존수련 70쪽
학명: Victoria amazonica
분류: 꽃식물
잎 너비: 3미터
사는 곳: 남아메리카 북부

남목련 72쪽
학명: Magnolia grandiflora
분류: 꽃식물
높이: 30미터
사는 곳: 북아메리카 동남부

참나리 74쪽
학명: Lilium lancifolium
분류: 꽃식물
높이: 2미터
사는 곳: 아시아

큰오리난초 76쪽
학명: Caleana major
분류: 꽃식물
높이: 50센티미터
사는 곳: 오스트레일리아

그물무늬붓꽃 78쪽
학명: Iris reticulata
분류: 꽃식물
높이: 15센티미터
사는 곳: 서아시아

용혈수 80쪽
학명: Dracaena cinnabari
분류: 꽃식물
높이: 10미터
사는 곳: 예멘 근처 소코트라 섬

야자나무 82쪽
학명: Cocos nucifera
분류: 꽃식물
높이: 30미터
사는 곳: 태평양과 인도양 해변

여인초 84쪽
학명: Ravenala madagascariensis
분류: 꽃식물
높이: 20미터
사는 곳: 마다가스카르

탱크브로멜리아드 86쪽
학명: Neoregelia cruenta
분류: 꽃식물
높이: 45센티미터
사는 곳: 브라질

파피루스 88쪽
학명: Cyperus papyrus
분류: 꽃식물
높이: 4.5미터
사는 곳: 아프리카

모소 대나무 90쪽
학명: Phyllostachys edulis
분류: 꽃식물
높이: 28미터
사는 곳: 중국

북극양귀비 92쪽
학명: Papaver radicatum
분류: 꽃식물
높이: 18센티미터
사는 곳: 북극

용왕꽃 94쪽
학명: Protea cynaroides
분류: 꽃식물
높이: 2미터
사는 곳: 남아프리카

바위솔 96쪽
학명: Sempervivum tectorum
분류: 꽃식물
높이: 15센티미터
사는 곳: 북아프리카, 유럽, 서아시아

붉은아카시아 98쪽
학명: Vachellia seyal
분류: 꽃식물
높이: 17미터
사는 곳: 아프리카, 서아시아

개장미 100쪽
학명: Rosa canina
분류: 꽃식물
높이: 5미터
사는 곳: 북아프리카, 유럽, 서아시아

무화과 102쪽
학명: Ficus carica
분류: 꽃식물
높이: 10미터
사는 곳: 서아시아

이주쐐기풀 104쪽
학명: Urtica dioica
분류: 꽃식물
높이: 2미터
사는 곳: 북아프리카, 유럽, 아시아

레드맹그로브 106쪽
학명: Rhizophora mangle
분류: 꽃식물
높이: 35미터
사는 곳: 전 세계 열대

자이언트시계초 108쪽
학명: Passiflora quadrangularis
분류: 꽃식물
높이: 15미터
사는 곳: 남아메리카

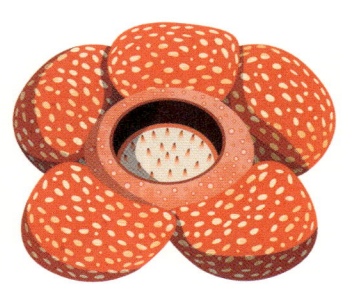
시체꽃 110쪽
학명: Rafflesia arnoldii
분류: 꽃식물
꽃너비: 1미터
사는 곳: 동남아시아

유칼립투스 112쪽
학명: Eucalyptus leucoxylon
분류: 꽃식물
높이: 30미터
사는 곳: 오스트레일리아

설탕단풍나무 114쪽
학명: Acer saccharum
분류: 꽃식물
높이: 45미터
사는 곳: 북아메리카

그랑디디에바오바브 116쪽
학명: Adansonia grandidieri
분류: 꽃식물
높이: 30미터
사는 곳: 마다가스카르

끈끈이주걱 118쪽
학명: Drosera rotundifolia
분류: 꽃식물
높이: 20센티미터
사는 곳: 북아메리카, 유럽, 아시아

열대벌레잡이통풀 120쪽
학명: Nepenthes truncata
분류: 꽃식물
높이: 40센티미터
사는 곳: 동남아시아

댑싸리 122쪽
학명: Bassia scoparia
분류: 꽃식물
높이: 30센티미터
사는 곳: 유럽, 아시아

카라스산리톱스 124쪽
학명: Lithops karasmontana
분류: 꽃식물
높이: 4센티미터
사는 곳: 남아프리카

사와로선인장 126쪽
학명: Carnegiea gigantea
분류: 꽃식물
높이: 12미터
사는 곳: 북아메리카 남부, 중앙아메리카

나도수정초 128쪽
학명: Monotropa uniflora
분류: 꽃식물
높이: 30센티미터
사는 곳: 북아메리카, 중앙아메리카, 아시아

해바라기 130쪽
학명: Helianthus annuus
분류: 꽃식물
높이: 3미터
사는 곳: 북아메리카, 중앙아메리카, 남아메리카

서양민들레, 132쪽
학명: Taraxacum officinale
분류: 꽃식물
높이: 50센티미터
사는 곳: 유럽, 아시아

에린기움 134쪽
학명: Eryngium maritimum
분류: 꽃식물
높이: 60센티미터
사는 곳: 유럽

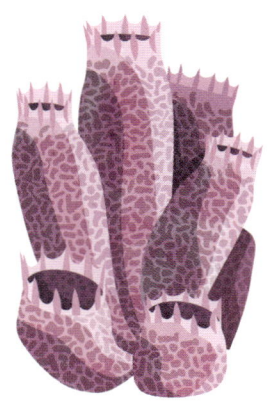

아주르꽃병해면 138쪽
학명: Callyspongia plicifera
분류: 무척추동물
너비: 27센티미터
사는 곳: 바하마제도

토치산호 140쪽
학명: Euphyllia glabrescens
분류: 무척추동물
너비: 70센티미터
사는 곳: 인도양, 태평양

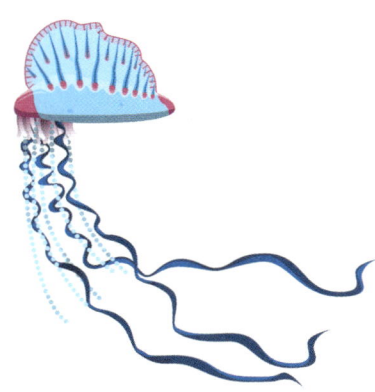

고깔해파리 142쪽
학명: Physalia physalis
분류: 무척추동물
촉수 길이: 20미터
사는 곳: 전 세계 열대 바다

호랑무늬납작벌레 144쪽
학명: Pseudoceros dimidiatus
분류: 무척추동물
길이: 8센티미터
사는 곳: 인도양, 태평양

크리스마스트리웜 146쪽
학명: Spirobranchus giganteus
분류: 무척추동물
높이: 6센티미터
사는 곳: 전 세계 열대 바다

작은대왕조개 148쪽
학명: Tridacna maxima
분류: 무척추동물
높이: 30센티미터
사는 곳: 인도양, 태평양

그림달팽이 150쪽
학명: Polymita picta
분류: 무척추동물
껍데기 너비: 2센티미터
사는 곳: 쿠바 동부

앵무조개 152쪽
학명: Nautilus pompilius
분류: 무척추동물
높이: 20센티미터
사는 곳: 인도양, 태평양

코발트블루타란툴라 154쪽
학명: Cyriopagopus lividum
분류: 무척추동물
다리 너비: 13센티미터
사는 곳: 동남아시아

호박벌노래기 156쪽
학명: Anadenobolus monilicornis
분류: 무척추동물
높이: 10센티미터
사는 곳: 카리브 해

붉은암초가재 158쪽
학명: Enoplometopus occidentalis
분류: 무척추동물
길이: 10센티미터
사는 곳: 인도양, 태평양

어리황뒤영벌 160쪽
학명: Bombus terrestris
분류: 무척추동물
높이: 1.7센티미터
사는 곳: 북아프리카, 유럽, 서아시아

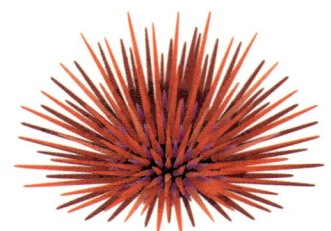
붉은성게 162쪽
학명: Mesocentrotus franciscanus
분류: 무척추동물
너비: 20센티미터
사는 곳: 태평양

고래상어 164쪽
학명: Rhincodon typus
분류: 어류
길이: 10미터
사는 곳: 전 세계

가시복, 166쪽
학명: Diodon holocanthus
분류: 어류
길이: 50센티미터
사는 곳: 전 세계 열대 바다

동부영원 168쪽
학명: Notophthalmus viridescens
분류: 양서류
길이: 14센티미터
사는 곳: 북아메리카 동부

월리스날개구리 170쪽
학명: Rhacophorus nigropalmatus
분류: 양서류
길이: 10센티미터
사는 곳: 동남아시아

가짜지도거북 172쪽
학명: Graptemys pseudogeographica
분류: 파충류
길이: 25센티미터
사는 곳: 미국

적도아놀 174쪽
학명: Anolis aequatorialis
분류: 파충류
길이: 20센티미터
사는 곳: 남아메리카 북서부

동부다이아몬드백방울뱀 176쪽
학명: Crotalus adamanteus
분류: 파충류
길이: 1.8미터
사는 곳: 미국 남동부

가비알악어 178쪽
학명: Gavialis gangeticus
분류: 파충류
길이: 5미터
사는 곳: 남아시아

큰화식조 180쪽
학명: Casuarius casuarius
분류: 조류
길이: 1.7미터
사는 곳: 동남아시아, 오스트레일리아

호사북방오리 182쪽
학명: Somateria spectabilis
분류: 조류
길이: 63센티미터
사는 곳: 북극

빅토리아왕관비둘기 184쪽
학명: Goura victoria
분류: 조류
길이: 74센티미터
사는 곳: 뉴기니 북부

검은해오라기 186쪽
학명: Egretta ardesiaca
분류: 조류
길이: 66센티미터
사는 곳: 아프리카

흰머리수리 188쪽
학명: Haliaeetus leucocephalus
분류: 조류
길이: 1미터
사는 곳: 북아메리카

도토리딱따구리 190쪽
학명: Melanerpes formicivorus
분류: 조류
길이: 23센티미터
사는 곳: 북아메리카 남부, 중앙아메리카, 남아메리카 북부

베짜기새 192쪽
학명: Ploceus velatus
분류: 조류
길이: 13센티미터
사는 곳: 남아프리카

짧은코가시두더지 194쪽
학명: Tachyglossus aculeatus
분류: 포유류
길이: 45센티미터
사는 곳: 뉴기니, 오스트레일리아

웜뱃 196쪽
학명: Vombatus ursinus
분류: 포유류
길이: 1.1미터
사는 곳: 오스트레일리아 동남부

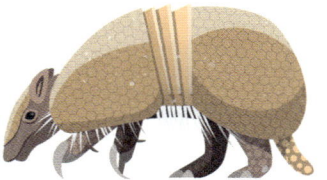
브라질세띠아르마딜로 198쪽
학명: Tolypeutes tricinctus
분류: 포유류
길이: 32센티미터
사는 곳: 브라질

서인도제도매너티 200쪽
학명: Trichechus manatus
분류: 포유류
길이: 3.9미터
사는 곳: 카리브 해, 남아메리카 북부 해안

침팬지 202쪽
학명: Pan troglodytes
분류: 포유류
길이: 1미터
사는 곳: 중앙아프리카, 서아프리카

긴귀윗수염박쥐 204쪽
학명: Myotis evotis
분류: 포유류
길이: 10센티미터
사는 곳: 북아메리카 서부

재규어 206쪽
학명: Panthera onca
분류: 포유류
길이: 2.5미터
사는 곳: 북아메리카 남부, 중앙아메리카, 남아메리카 북부

큰곰 208쪽
학명: Ursus arctos
분류: 포유류
꼬리를 제외한 길이: 2.8미터
사는 곳: 북아메리카 북부, 유럽, 아시아

말레이테이퍼 210쪽
학명: Tapirus indicus
분류: 포유류
길이: 3미터
사는 곳: 동남아시아

사이가영양 212쪽
학명: Saiga tatarica
분류: 포유류
꼬리를 제외한 길이: 1.5미터
사는 곳: 중앙아시아

100가지 사진으로 보는
자연의 신비

1판 1쇄 발행 2025년 3월 31일
지은이 벤 호어
그린이 다니엘 롱, 안젤라 리자
옮긴이 김미선

펴낸곳 (주)도서출판 책과함께
주소 서울시 마포구 동교로 70 소와소빌딩 2층
전화 02-335-1982 **팩스** 02-335-1316
전자우편 prpub@daum.net
블로그 blog.naver.com/prpub
등록 2003년 4월 3일 제2003-000392호
ISBN 979-11-94263-19-7 74400
ISBN 979-11-92913-27-8 (세트)

이 책의 한국어판 저작권은 영국 'Dorling Kindersley'와의 독점 계약으로 '(주)도서출판 책과함께'가 소유합니다. 저작권법에 의하여 한국 내에서 보호를 받는 저작물이므로 무단 전재 및 복제를 금합니다.

The Wonders of Nature

First published in Great Britain in 2019 by
Dorling Kindersley Limited
DK, One Embassy Gardens, 8 Viaduct Gardens,
London, SW11 7BW

Copyright©Dorling Kindersley Limited, 2019
A Penguin Random House Company
All rights reserved.
Korean Translation Copyright©CUM LIBRO 2025
Printed and bound in China

www.dk.com

지은이 **벤 호어**
벤 호어는 아주 어렸을 때부터 야생에 푹 빠져 살았어요. 그는 《BBC 와일드 라이프》 지의 편집장이며, DK 북스의 편집자이자 작가·자문 위원으로 활약했습니다. 지은 책으로 《DK 100가지 사진으로 보는 동물의 신비》, 《경이로운 곤충 팝업북》 등이 있습니다.

그린이 **다니엘 롱**
다니엘 롱은 어렸을 때 야생 동물에 푹 빠져 살았습니다. 지금도 주로 자연의 세계에 영감을 받은 그림을 계속 그리고 있지요. 쥐라기의 공룡이든 아마존 열대 우림에 사는 거미원숭이, 재규어 또는 그가 사는 곳 근처 국립 공원의 물총새와 수달이든 가리지 않아요.

그린이 **안젤라 리자**
안젤라 리자는 집 주변의 야생 동물과 어린 시절 가장 좋아하던 이야기에서 영감을 받습니다. 어린이 책을 작업할 때에는 내면의 아이가 좋아할 이미지를 떠올리고, 독자들의 관심을 사로잡을 내용과 색상을 마음껏 넣어 수준 높은 그림을 그립니다.

옮긴이 **김미선**
중앙대학교 사학과 졸업 후 미국 마켓 대학교에서 커뮤니케이션으로 석사 학위를 받았습니다. 현재 어린이·청소년 출판 기획 및 번역을 하고 있습니다. 옮긴 책으로 《아홉 살에 처음 만나는 별자리》, 《세상 모든 유목민 이야기》, 《어린이를 위한 세계사 상식 500》, 《어쩌다 고고학자들》 등이 있습니다.

일러두기
이 책의 용어들은 대체로 〈표준국어대사전〉을 따랐고, 〈두산백과〉, 〈생명과학대사전〉, 〈미생물학백과〉 등을 참조했습니다.
이 책의 일부 서술은 한국 독자의 이해를 돕고 과학적 사실에 부합하기 위해 원서의 내용을 약간 수정한 것임을 밝힙니다.

사진 출처
사진 사용을 허락해 주신 분들께 감사 말씀을 드립니다.

The publisher would like to thank the following for their kind permission to reproduce their photographs:
(Key: a-above; b-below/bottom; c-centre; f-far; l-left; r-right; t-top)

4 Dorling Kindersley: Oxford University Museum of Natural History (tl, tc, crb, bc). **5 Alamy Stock Photo:** Susan E. Degginger (bl); PjrStudio (cl, clb); Dennis Hardley (cr); Greg C Grace (crb). **Dorling Kindersley:** Holts Gems (cla/Raw Rock Crystal, tr); Oxford University Museum of Natural History (cla, crb/Desert rose). **6-7 Dorling Kindersley:** Oxford University Museum of Natural History. **9 Dorling Kindersley:** Oxford University Museum of Natural History. **11 Getty Images:** Darrell Gulin. **12-13 Dorling Kindersley:** Oxford University Museum of Natural History (b). **14 Dorling Kindersley:** Oxford University Museum of Natural History. **16-17 Dorling Kindersley:** Oxford University Museum of Natural History (t). **18-19 Dorling Kindersley:** Oxford University Museum of Natural History. **20 Dorling Kindersley:** Oxford University Museum of Natural History. **23 Dorling Kindersley:** Oxford University Museum of Natural History. **24-25 Dorling Kindersley:** Oxford University Museum of Natural History. **26 Alamy Stock Photo:** Elena Mordasova. **28 Dorling Kindersley:** Oxford University Museum of Natural History. **31 Dorling Kindersley:** Oxford University Museum of Natural History. **32 Science Photo Library:** Dennis Kunkel Microscopy (bc); Steve Gschmeissner (clb). **33 Dreamstime.com:** Andrey Sukhachev / Nchuprin (bc). **iStockphoto.com:** micro_photo (cr). **Science Photo Library:** Dennis Kunkel Microscopy (tl); Steve Gschmeissner (crb). **34-35 Science Photo Library:** Steve Gschmeissner (b). **36-37 Getty Images:** Steven Trainoff Ph.D.. **38 Science Photo Library:** Steve Gschmeissner (tl, cl, clb, bl, cr, crb); Fay Darling / Paul E Hargraves PHD (cra). **39 Science Photo Library:** Steve Gschmeissner (tr, cr, bl, br); Fay Darling / Paul E Hargraves PHD (tc). **40-41 Science Photo Library:** Gerd Guenther. **42 Science Photo Library:** Steve Gschmeissner. **45 Dreamstime.com:** Mushika. **46-47 iStockphoto.com:** micro_photo. **49 Science Photo Library:** Steve Gschmeissner. **51 Alamy Stock Photo:** Buiten-Beeld. **52 Alamy Stock Photo:** Artenex. **54 Science Photo Library:** Eye Of Science. **57 Science Photo Library:** Steve Gschmeissner. **58 Dreamstime.com:** Yap Kee Chan (ca). **59 Alamy Stock Photo:** Blickwinkel (br). **61 Alamy Stock Photo:** Andia. **63 123RF.com:** Girts Heinsbergs. **64-65 Alamy Stock Photo:** Tim Gainey. **69 iStockphoto.com:** Pgiam. **74-75 123RF.com:** Anchasa Mitchell. **76 Getty Images:** John Tiddy / Nature Picture Library. **78-79 Alamy Stock Photo:** Jada Images. **80-81 Getty Images:** Pixelchrome Inc. **82-83 iStockphoto.com:** Phetphu. **84 Alamy Stock Photo:** Witthaya Khampanant. **87 Getty Images:** Wagner Campelo / Moment Open. **89 Alamy Stock Photo:** Manfred Ruckszio. **90 Science Photo Library:** Martyn F. Chillmaid. **92 Alamy Stock Photo:** Life on white (br). **Getty Images:** 1bluecanoe / Moment Open (cr); F. Lukasseck / Radius Images (bl). **93 Alamy Stock Photo:** imageBROKER (r); Tiberius Photography (fbl); Irina Vareshina (bl); Julie Pigula (bc). **94 Dreamstime.com:** Paop. **96 Dreamstime.com:** Erika Kirkpatrick (cr); Fabrizio Troiani (bc). **GAP Photos:** Annaick Guitteny (clb). **97 Alamy Stock Photo:** Bob Gibbons (tr); Organica (cr). **Dreamstime.com:** Chuyu (tl). **98-99 Alamy Stock Photo:** Rz_Botanical_Images. **100-101 Alamy Stock Photo:** imageBROKER. **102 Alamy Stock Photo:** Reda &Co Srl. **105 Alamy Stock Photo:** Nature Picture Library. **106-107 Dreamstime.com:** Seadam (c). **108 Getty Images:** Paul Starosta / Corbis. **109 Getty Images:** Paul Starosta / Corbis. **111 Alamy Stock Photo:** Biosphoto. **112 Alamy Stock Photo:** Robert Wyatt. **115 Alamy Stock Photo:** George Ostertag. **116-117 FLPA:** Ingo Arndt / Minden Pictures. **118 Getty Images:** Gerhard Schulz / The Image Bank. **122-123 Dreamstime.com:** Watcharapong Thawornwichian. **126-127 Dreamstime.com:** David Hayes. **128 Alamy Stock Photo:** Scott Camazine. **130 Getty Images:** Gary Wilkinson / Moment Open. **132-133 Getty Images:** assalve / E+. **134-135 SuperStock:** E.a. Janes / Age Fotostock. **136 123RF.com:** Anan Kaewkhammul / anankkml (r). **Dorling Kindersley:** E. J. Peiker (cla). **Dreamstime.com:** Torsten Velden / Tvelden (clb). **Getty Images:** Bob Jensen / 500Px Plus (cl). **137 Dorling Kindersley:** Peter Janzen (c); Linda Pitkin (crb). **138 FLPA:** Norbert Wu / Minden Pictures. **141 Alamy Stock Photo:** Tyler Fox. **142 Alamy Stock Photo:** Nature Picture Library (c). **144-145 Getty Images:** Darlyne A. Murawski. **147 Alamy Stock Photo:** WaterFrame (c). **148 Alamy Stock Photo:** Liquid-Light Underwater Photography. **150 naturepl.com:** Ingo Arndt (c, bl). **151 naturepl.com:** Ingo Arndt (cla, cr). **Alamy Stock Photo:** Ingo Arndt / Minden Pictures (ca). **153 Getty Images:** Joel Sartore, National Geographic Photo Ark. **154-155 Dorling Kindersley:** Liberty's Owl, Raptor and Reptile Centre, Hampshire, UK. **156-157 Getty Images:** Joel Sartore, National Geographic Photo Ark. **158-159 Getty Images:** Dave Fleetham. **160-161 Dorling Kindersley:** Jerry Young. **162 Dreamstime.com:** Mikhail Blajenov. **164-165 Getty Images:** Torstenvelden. **166-167 Alamy Stock Photo:** WaterFrame. **168-169 naturepl.com:** MYN / JP Lawrence. **170 FLPA:** Chien Lee / Minden Pictures. **173 Getty Images:** Paul Starosta. **174-175 Getty Images:** Karine Aigner. **176-177 Alamy Stock Photo:** Nature Picture Library. **178-179 Getty Images:** Paul Starosta. **181 Getty Images:** Mark Newman. **182-183 Alamy Stock Photo:** All Canada Photos. **184 Getty Images:** Picture by Tambako the Jaguar. **186-187 SuperStock:** Seraf van der Putten / Minden Pictures. **188-189 Andy Morffew**. **191 Alamy Stock Photo:** William Leaman. **192 Getty Images:** Catherina Unger. **194-195 Getty Images:** Joel Sartore, National Geographic Photo Ark. **197 SuperStock:** Juergen & Christine Sohns / Minden Pictures. **198 Alamy Stock Photo:** BIOSPHOTO. **200-201 Getty Images.** **203 Dreamstime.com:** Patricia North. **204-205 Getty Images:** Michael Durham / Minden Pictures. **206-207 Getty Images:** Fuse. **209 Getty Images:** Joel Sartore, National Geographic Photo Ark. **210-211 Getty Images:** Joel Sartore. **212 123RF.com:** Victor Tyakht. **Cover images: Front: Alamy Stock Photo:** Blickwinkel ca/ (Weaver), imageBROKER cr, Manfred Ruckszio cla; **Dorling Kindersley:** Natural History Museum, London ca/ (Opal), Oxford University Museum of Natural History crb/ (Turquoise); **Getty Images:** Joel Sartore, National Geographic Photo Ark cla/ (Echidna), clb, Darlyne A. Murawski crb, Stephen Dalton / Minden Pictures cb; **Science Photo Library:** Steve Gschmeissner ca

All other images © Dorling Kindersley